石油化工设备技术问答丛书

压力容器技术问答

钱广华　杨　超　编著

中国石化出版社

内 容 提 要

本书采用问答形式，介绍了压力容器的类型划分、参数确定、结构组成、材料选用、设计注意事项、制造焊接、检验及安全附件等基本知识，并根据作者在设备维护检修方面积累的经验，对可能出现的问题进行了详细介绍，特别是单独提出管理要求，更利于在使用、维护方面提供帮助。

本书特为石油化工行业从事压力容器运行管理和维护检修的技术人员和操作工而写，对于从事设备管理和制造人员也有一定的参考价值。

本书可以作为设备技术人员、操作工、保全工及设计制造工程技术人员的参考书或工具书，具有简单、易懂、实用的特点。

图书在版编目（CIP）数据

压力容器技术问答/钱广华，杨超编著.
—北京：中国石化出版社，2012.1(2024.5 重印)
(石油化工设备技术问答丛书)
ISBN 978-7-5114-1250-8

Ⅰ.①压… Ⅱ.①钱… ②杨… Ⅲ.①压力容器-问题解答 Ⅳ.①TH49-44

中国版本图书馆 CIP 数据核字(2011)第 224544 号

中国石化出版社出版发行
地址:北京市东城区安定门外大街 58 号
邮编:100011 电话:(010)57512500
发行部电话:(010)57512575
http://www.sinopec-press.com
E-mail:press@sinopec.com
北京科信印刷有限公司印刷
全国各地新华书店经销
*
787 毫米×1092 毫米 32 开本 3.75 印张 72 千字
2012 年 1 月第 1 版 2024 年 5 月第 2 次印刷
定价：12.00 元

序

设备是企业进行生产的物质技术基础。现代化的石油化工企业，生产连续性强、自动化水平高，且具有高温、高压、易燃、易爆、易腐蚀、易中毒的特点。设备一旦发生问题，会带来一系列严重的后果，往往会导致装置停产、环境污染、火灾爆炸、人身伤亡等重大事故的发生。因而石油化工厂的设备更体现了设备是企业进行生产、发展的重要物质基础。“基础不牢、地动山摇”。设备状况的好坏、直接影响着石油化工企业生产装置的安全、稳定、长周期运行，从而也影响着企业的经济效益。

确保石油化工厂设备经常处于良好的状况，就必须强化设备管理，广泛应用先进技术，不断提高检修质量，搞好设备的操作和维护，及时消除设备隐患，排除故障，提高设备的可靠度，从而确保生产装置的安全、稳定、长周期运行。

为了加强企业“三基”工作，适应广大石油化工设备管理、操作及维护检修人员了解设备，熟悉设备，懂得设备的结构、性能、作用及可能发生的故障和预防措施，以提高消除隐患、排除故障、搞好操作和日常维护能力的需要，中国石化出版社针对石油化工厂常见的各类设备，诸如，各类泵、压缩机、风机及驱动机、各类工业炉、塔、反应器、压力容器，各类储罐、换热设备，以及各类工业管线、阀门管件等等，组织长期工作在石油化工企业基层，有一定设备理论知识和实践经验的专家和专业技术人员，以设备技术问答的形式，编写了一系列“石油化工设备技术问答丛书”，供大家学习和阅读，希望对广大读者有所帮助。本书即为这套丛书之一。

中国石化设备管理协会副会长　胡安定

目　录

一、基础知识

二、材 料

三、设 计

四、制造与焊接

五、管理方面

六、检验方面

七、安全附件

一、基础知识

1.《固定式压力容器安全技术监察规程》是何时发布的?

2009 年 8 月 31 日,《固定式压力容器安全技术监察规程》由国家质量监督检验检疫总局批准颁布。

2. 被国家法规所引用的压力容器国家和行业标准、规范有哪些?

压力容器主要相关标准:GB 150《压力容器》、JB 4732《钢制压力容器—压力容器分析设计标准》、GB 151《管壳式换热器》、GB 12337《钢制球形储罐》、JB/T 4730《承压设备无损检测》。

3. 压力容器方面的安全技术规范有哪些?

包括《固定式压力容器安全技术监察规程》、《超高压容器安全监察规程》、《压力容器定期检验规则》等。

4.《固定式压力容器安全技术监察规程》中,压力容器介质是如何分组的?

压力容器的介质分为以下两组,包括气体、液化气体以及最高工作温度高于或者等于标准沸点的液体:

(1)第一组介质,毒性程度为极度危害、高度危害的化学介质,易爆介质,液化气体。

(2)第二组介质,除第一组以外的介质。

5. 按《固定式压力容器安全技术监察规程》规定,压力容器的类别是如何划分?

根据介质特性,按照以下要求选择类别划分图,再根据

设计压力 p(单位 MPa)和容积 V(单位 L)，标出坐标点，确定压力容器类别：

(1)第一组介质，压力容器类别的划分见图 1-1；

(2)第二组介质，压力容器类别的划分见图 1-2。

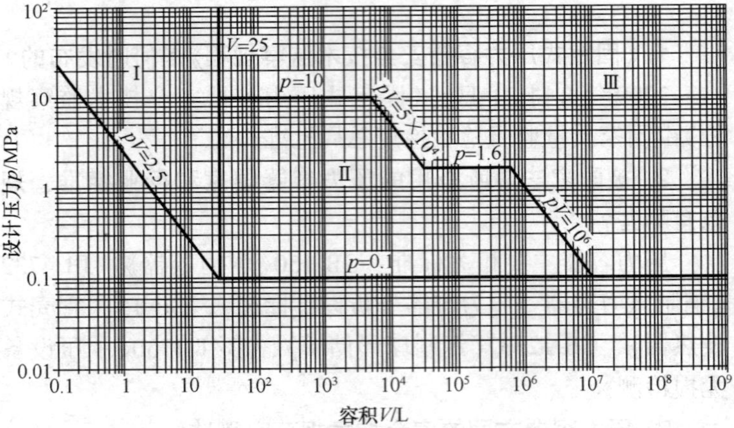

图 1-1　压力容器类别划分图—第一组介质

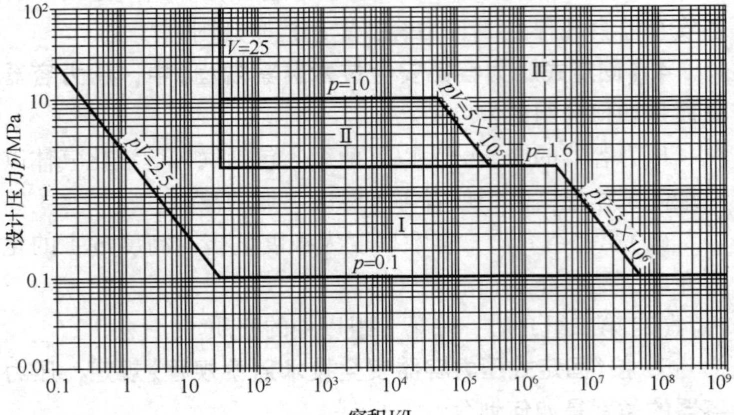

图 1-2　压力容器类别划分图—第二组介质

6. 我国压力容器安全监察工作总体要求内容是什么？

我国压力容器安全监察工作总的要求：

以科学发展观为统领，进一步巩固、完善全过程安全监察基本制度，不断强化安全监察工作体系建设，组织开展“隐患治理年”活动，力争各项考核指标达到100%，实现万台设备事故起数0.77起以下、万台设备死亡人数0.88人以下，在“建体系、保安全、促发展”上取得更大成就。

7. 压力容器相关标准，按照适用范围分为哪几个等级？

分为国家标准、部标准、专业标准、行业标准和企业标准等几个等级。

8. 压力容器的标准代号分别代表哪个标准？

GB-国家标准、JB-机械部标准、YB-冶金部标准、HG-化工部产品技术标准、TH-机械部化工通用机械专业标准。

9. 固定式压力容器是如何定义的？

《固定式压力容器安全技术监察规程》规定，固定式压力容器是指安装在固定位置使用的压力容器。

10. 按压力容器的设计压力(p)分为哪几类，具体压力等级范围是多少？

按设计压力分为低压容器、中压容器、高压容器、超高容器四个压力等级：

(1) 低压(代号L) $0.1MPa \leqslant p < 1.6MPa$；

(2) 中压(代号M) $1.6MPa \leqslant p < 10.0MPa$；

(3) 高压(代号H) $10.0MPa \leqslant p < 100.0MPa$；

(4) 超高压(代号U) $p \geqslant 100.0MPa$。

11. 压力容器按承压方式如何分类？

依照承压方式的不同，压力容器可分为内压容器和外压容器两大类。

12. 压力容器按盛装介质如何分类?

按盛装介质分为：非易燃、无毒；易燃或有毒；剧毒。

13. 压力容器按制造方式如何分类?

压力容器按照制造方式的不同，压力容器一般可分为焊接容器、铆接容器、铸造容器及锻造容器四大类。

14. 压力容器按几何形状如何分类?

压力容器按外形不同，可分为圆筒形(或称圆柱形)容器、球形容器、圆锥形容器及组合形容器等。

15. 压力容器按材料如何分类?

根据制造容器所用材料的不同，压力容器可分为钢制容器、有色金属容器、非金属容器三大类。

16. 压力容器按使用方式如何分类?

有固定式容器和移动式容器。

17. 按压力容器在生产工艺过程中的作用原理，分为哪几类?

分为反应压力容器、换热压力容器、分离压力容器、储存压力容器四大类。

(1)反应压力容器(代号 R)：主要是用于完成介质的物理、化学反应的压力容器，如反应器、反应釜、分解锅、硫化罐、分解塔、聚合釜、高压釜、超高压釜、合成塔、变换炉、蒸煮锅、蒸球、蒸压釜、煤气发生炉等。

(2)换热压力容器(代号 E)：主要是用于完成介质的热量交换的压力容器，如管壳式余热锅炉、热交换器、冷却器、冷凝器、蒸发器、加热器、消毒锅、染色器、烘缸、蒸炒锅、预热锅、溶剂预热器、蒸锅、蒸脱机、电热蒸汽发生器、煤气发生炉水夹套等。

(3)分离压力容器(代号S)：主要是用于完成介质的流体压力平衡缓冲和气体净化分离的压力容器，如分离器、过滤器、集油器、缓冲器、洗涤器、吸收塔、铜洗塔、干燥塔、汽提塔、分汽缸、除氧器等。

(4)储存压力容器(代号C，其中球罐代号B)：主要是用于储存、盛装气体、液体、液化气体等介质的压力容器，如各种型式的储罐。

18. 符合哪些条件的压力容器为第三类压力容器?

具有下列情况之一的，为第三类压力容器：

(1)高压容器；

(2)中压容器(仅限毒性程度为极度和高度危害介质)；

(3)中压储存容器(仅限易燃或毒性程度为中度危害介质，且pV乘积大于等于10MPa·m^3)；

(4)中压反应容器(仅限易燃或毒性程度为中度危害介质，且pV乘积大于等于0.5Pa·m^3)；

(5)低压容器(仅限毒性程度为极度和高度危害介质，且pV乘积大于等于0.2MPa·m^3)；

(6)高压、中压管壳式余热锅炉；

(7)中压搪玻璃压力容器；

(8)使用强度级别较高(指相应标准中抗拉强度规定值下限大于等于540MPa)的材料制造的压力容器；

(9)移动式压力容器，包括铁路罐车(介质为液化气体、低温液体)、罐式汽车[液化气体运输(半挂)车、低温液体运输(半挂)车、永久气体运输(半挂)车]和罐式集装箱(介质为液化气体、低温液体)等；

(10)球形储罐(容积大于等于50m^3)；低温液体储存容器(容积大于5m^3)；

(11)低温液体储存容器(容积大于 $5m^3$)。

19. 符合哪些条件的压力容器为第二类压力容器?

具有下列情况之一的，为第二类压力容器:

(1)中压容器;

(2)低压容器(仅限毒性程度为极度和高度危害介质);

(3)低压反应容器和低压储存容器(仅限易燃介质或毒性程度为中度危害介质);

(4)低压管壳式余热锅炉;

(5)低压搪玻璃压力容器。

20. 符合哪些条件的压力容器为第一类压力容器?

第一类压力容器，除上述二、三类压力容器规定以外的低压容器为第一类压力容器。

21. 在特种设备目录中压力容器是如何分类?

国家质检总局制定的特种设备目录将压力容器作为特种设备的一个种类，分成固定式压力容器、移动式压力容器、气瓶、氧舱、压力容器附件、压力容器材料等 5 个类别。

22. 移动式压力容器按设计温度划分为哪几种?

分为三种:

(1) 常温型: 罐体为裸式，设计温度为-20~50℃。

(2) 低温型: 罐体采用堆积绝热式，设计温度为-70~-20℃。

(3) 深冷型: 罐体采用真空粉末绝热式或真空多层绝热式，设计温度低于-150℃。

23. 压力容器的最高工作压力是如何定义的?

压力容器的最高工作压力，是指在正常工作过程中，其顶部可能产生的最高压力(表压力)。

24. 压力容器的设计压力是如何定义的?

压力容器的设计压力是指在相应设计温度下用以确定容器壳壁计算壁厚及其元件尺寸的压力。

25. 压力容器的设计温度是如何定义的?

压力容器的设计温度是指容器在正常工作过程中，在相应的设计压力下，壳壁或元件金属可能达到的最高或最低(≤-20℃)温度。

26. 介质毒性程度是如何划分的?

极度危害最高容许浓度小于0.1mg/m³；高度危害最高容许浓度0.1~1.0 mg/m³；中度危害最高容许浓度1.0~10.0mg/m³；轻度危害最高容许浓度大于或者等于10.0mg/m³。

27. 易爆介质是如何定义的?

指气体或者液体的蒸汽、薄雾与空气混合形成的爆炸混合物，并且其爆炸下限小于10%，或者爆炸上限和爆炸下限的差值大于或者等于20%的介质。

28. 压力容器由哪几部分组成?

压力容器一般由筒体、封头、法兰、密封元件、开孔和接管、支座等六大部分构成容器本体。此外，还配有安全装酌、表计及完成不同生产工艺作用的内件。

29. 压力容器主要受压元件有哪些?

压力容器的筒体、封头(端盖)、人孔盖、人孔法兰、人孔接管、膨胀节、开孔补强圈、设备法兰；球罐的球壳板；换热器的管板和换热管；M36以上的设备主螺栓及公称直径大于等于250mm的接管和管法兰均为主要受压元件。

30. 压力容器失效是如何定义的？

压力容器失效既包括爆炸、破裂及泄漏等，也包括容器的过度变形、膨胀、局部鼓胀、严重腐蚀、产生较大裂纹、裂纹的牵劳扩展或腐蚀扩展、高温下过度的蠕变变形、几何形状受压失衡变形、金属材料长期使用的变形等。因此凡因安全问题导致容器不能发挥原有效能的现象均为失效。

31. 影响压力容器安全状况的三要素是什么？

材料、应力、缺陷。

32. 压力容器的破坏形式有哪几种？

通常将压力容器的破坏形式分为韧性破裂、脆性破裂、疲劳破裂、腐蚀破裂、蠕变破裂、复合型破裂。

33. 压力容器与常压容器的区别在哪里？

压力容器与常压容器相比，不仅在安全方面要遵照相关法律法规进行设计，而且使用和管理方面也要执行相关法律法规。

34.《固定式压力容器安全技术监察规程》适用的范围是如何规定的？

(1) 工作压力大于或等于 0.1MPa；

(2) 工作压力与容积的乘积大于或等于 2.5MPa·L；

(3) 盛装介质为气体、液化气体以及介质最高工作温度高于或者等于其标准沸点的液体。

35. 常用的压力容器封头可分为几种？

常用的压力容器封头可分为球形封头、椭圆封头、碟形封头、有折边锥形封头、无折边锥形封头、平盖等六种。

36. 什么是容器法兰？

用于容器顶盖和筒体连接与密封的法兰叫容器法兰。

37. 容器法兰按其结构分为几种?

容器法兰按其结构分为整体式法兰、活套式法兰、任意式法兰三种。

38. 在石油化工用压力容器中常见的密封结构有几种?

在石油化工用压力容器中常见的密封结构有平垫密封、双锥密封、伍德密封、卡扎里密封、楔形环密封、C形环密封、B形环密封、O形环密封等八种。

39. 应力强度是如何定义的?

系组合应力基于第三强度理论的当量强度，规定为给定点处最大剪应力的两倍，即给定点处最大主应力与最小主应力的代数值(拉应力为正值，压应力为负值)之差。

40. 何为总体结构不连续?

系指几何形状或材料的不连续，使结构在较大范围内的应力或应变发生变化，对结构总的应力分布与变形产生显著影响。

41. 何为局部结构不连续?

系指几何形状或材料的不连续，它仅使结构在很小范围内的应力或应变发生变化，对结构的总的应力分布和变形无显著影响。

42. 法向应力是如何定义的?

法向应力是垂直于所考虑截面的应力分量，也称为正应力。

43. 剪应力是如何定义的?

剪应力是与所考虑截面相切的应力成分。

44. 薄膜应力是如何定义的?

薄膜应力是沿截面厚度均匀分布的应力成分，它等于沿所考虑截面厚度的应力平均值。

45. 弯曲应力是如何定义的?

弯曲应力是法向应力的变化分量，沿厚度上的变化可以是线性的，也可以不是线性的。

46. 一次应力是如何定义的?

一次应力是指为平衡压力与其他机械载荷所必须的法向应力或剪应力。

47. 二次应力是如何定义的?

二次应力是指为满足外部约束条件或结构自身变形连续要求所须的法向应力或剪应力。

48. 峰值应力是如何定义的?

由局部结构不连续或局部热应力影响而引起的附加于一次加二次应力的应力增量。

49. 载荷应力是如何定义的?

载荷应力是由压力或其他机械载荷所引起的应力。

50. 热应力是如何定义的?

由结构内部温度分布不均匀或材料热膨胀系数不同所引起的平衡应力；或当温度发生变化，结构的自由热变形被外部约束限制时所引起的应力。

51. 压力容器的工作压力是如何定义的?

压力容器的工作压力是指正常工作情况下，容器顶部可能达到的最高压力。

52. 压力容器的计算压力是如何定义的?

压力容器的计算压力是指在相应设计温度下，用以确定元件厚度的压力，并且应当考虑液柱静压力等附加载荷。

53. 压力容器的试验压力是如何定义的?

压力容器的试验压力是指在压力试验时，容器顶部的压力。

54. 压力容器的试验温度是如何定义的？

压力容器的试验温度是指压力容器试验时容器壳体的金属温度。

55. 压力容器的计算厚度是如何定义的？

压力容器的计算厚度是指按相应公式计算所得到的厚度。

56. 压力容器的设计厚度是如何定义的？

压力容器的设计厚度是指计算厚度与腐蚀裕量之和。

57. 压力容器的名义厚度是如何定义的？

压力容器的名义厚度是指将设计厚度加上钢材厚度负偏差后向上圆整至钢材标准规格的厚度，即是图样上标注的厚度。

58. 压力容器的有效厚度是如何定义的？

压力容器的有效厚度是指名义厚度减去腐蚀裕量与钢材厚度负偏差。

59. 低温压力容器是如何定义的？

设计温度低于或等于-20℃的钢制低温压力容器。

60. 最大允许工作压力是如何定义的？

系指在设定温度下，容器顶部所允许承受的最大表压力。该压力是根据容器各部分壳体的有效厚度计算所得，且取最小值。

61. 动作压力是如何定义的？

系指安全阀的开启压力或爆破片的爆破压力。

62. 爆破片装置由哪几部分组成？

爆破片装置主要由爆破片和夹持器组成。

63. 设计爆破压力是如何定义的？

系指爆破片在指定温度下的爆破压力。

64. 标定爆破压力是如何定义的?

系指在爆破片铭牌上标志的爆破压力。

65. 最低标定爆破压力是如何定义的?

系指在爆破片的制造范围为零时的设计爆破压力。

66. 容器按其承受压力的高低可分为哪三类?

容器按其承受压力的高低，可分为常压容器、压力容器、超高压容器三大类。

67. 必须同时满足哪三个条件的容器才属于压力容器，否则即属于常压容器?

(1) 最高工作压力 $p_W \geqslant 9.8\times10^4$Pa(1kgf/cm^2)，$p_W$ 不包括液体静压力;

(2) 容积 $V\geqslant 25$L，且 $p_W\times V\geqslant 1960\times10^4$L · Pa(200 L · kgf/cm^2);

(3) 介质为气体、液化气体和最高工作温度高于标准沸点(指在一个大气压下的沸点)的液体。

68. 超高压容器是如何定义的?

我国将设计压力超过 98×10^6Pa(1000 kgf/cm^2)的容器称为超高压容器。

69.《固定式压力容器安全技术监察规程》对盛装液化气体容器最高工作压力的确定是如何规定的?

(1) 盛装临界温度高于 50℃ 的液化气体容器，如有可靠的保冷措施，其最高工作压力为所盛装气体在可能达到的最高工作温度下的饱和蒸汽压力；如无保冷措施，其最高工作压力不得低于 50℃ 的饱和蒸汽压力。

(2) 盛装临界温度低于 50℃ 的液化气体容器，如有可靠的保冷措施并能确保低温贮存的，其最高工作压力不得低于实验实测的最高温度下的饱和蒸汽压力；没有实验实测数据或没有保冷措施的容器，其最高工作压力不得低于所装介质在规定的最大充装量和50℃时的气体压力。

（3）盛装混合液化石油气的容器，其50℃时的饱和蒸汽压力低于异丁烷在50℃时的饱和蒸汽压时，取50℃时异丁烷的饱和蒸汽压力为最高工作压力；如高于50℃的异丁烷的蒸汽压力时，取50℃时丙烷的饱和蒸汽压力为最高工作压力；如高于50℃的丙烷的饱和蒸汽压力时，取50℃时丙烯的饱和蒸汽压力为最高工作压力。

70. 表压力是如何定义的？

压力表上所标示的压力叫做表压力。

71. 压力容器按设计温度高低如何分类？

按照设计温度的高低，压力容器可分为低温容器、常温容器及高温容器。

72. 压力容器按作用原理如何分类？

按照在生产工艺过程中的作用原理，可分为反应容器、换热容器、分离容器、贮运容器等四种。

73. 反应容器是如何定义的？

反应容器是指主要用于完成介质物理、化学反应的容器，如：反应器、发生器、反应釜、分解锅、分解塔、聚合釜、高压釜、超高压釜、合成塔、变换炉、蒸煮锅、蒸球等。

74. 换热容器是如何定义的？

换热容器是指主要用于完成介质热量交换的容器，如：废热锅炉、热交换器、冷却器、冷凝器、蒸发器、加热器、硫化锅、消毒锅、蒸压釜、染色器等。

75. 分离容器是如何定义的？

分离容器是指主要用于完成介质的流体压力平衡和气体

净化分离等的容器，如：分离器、过滤器、集油器、缓冲器、贮能器、洗涤器、吸收塔、铜洗塔、干燥塔等。

76. 贮运容器是如何定义的？

贮运容器是指主要用于盛装生产和生活用的原料气体、液体、液化气体的容器，如：各种型式的贮槽、槽车(铁路槽车、公路槽车)等。

77. 压力容器常用的立式容器支座有哪些？

压力容器常用的立式容器支座有悬挂式支座、支承式支座、裙式支座等。

78. 压力容器筒体按结构如何分类？

压力容器筒体按其结构可分为整体式和组合式两大类。

79. 何为压力容器的“失效”？

压力容器由于压力或温度过高而丧失正常工作的能力，称之为“失效”。

80. 钢制球形储罐的工作压力是如何定义的？

工作压力是指在正常工作情况下，球罐顶部可能达到的最高压力。

81. 钢制球形储罐的计算压力是如何定义的？

计算压力是指在相应的设计温度下，用以确定球壳各带厚度或受压元件厚度的压力，其中包括液柱静压力。

82. 钢制球形储罐的试验压力是如何定义的？

试验压力指在压力试验时，球罐顶部的压力。

83. 钢制球形储罐的最大允许工作压力是如何定义的？

最大允许工作压力系指在设计温度下，球罐顶部所允许承受的最大表压力。该压力是根据球壳的有效厚度计算所得，且取最小值。

84. 钢制球形储罐的试验温度是如何定义的?

试验温度是指压力试验时，球壳的金属温度。

85. 钢制球形储罐的设计厚度是如何定义的?

设计厚度是指计算厚度和腐蚀裕量之和。

86. 钢制球形储罐的名义厚度是如何定义的?

名义厚度指设计厚度加上钢材厚度负偏差后向上圆整至钢材标准规格的厚度。名义厚度不包括加工裕量。

87. 钢制球形储罐的有效厚度是如何定义的?

有效厚度指名义厚度减去腐蚀裕量和钢材厚度的负偏差。

二、材　　料

1. 压力容器材料分为哪几种？

压力容器材料分为压力容器用钢板、气瓶用钢板和气瓶用钢管等3个品种。

2. 压力容器选材通用要求有哪些？

(1) 压力容器的选材应当考虑材料的力学性能、化学性能、物理性能和工艺性能；

(2) 压力容器用材料的质量、规格与标志，应当符合相应材料的国家标准或者行业标准的规定，其使用方面的要求应当符合《固定式压力容器安全技术监察规程》中引用标准的规定；

(3) 压力容器专用钢板(带) 的制造单位应当取得相应的特种设备制造许可证；

(4) 材料制造单位应当在材料的明显部位做出清晰、牢固的钢印标志或者采用其他方法的标志，实施制造许可的压力容器专用材料，质量证明书和材料上的标志内容还应当包括制造许可标志和许可证编号；

(5) 材料制造单位应当向材料使用单位提供质量证明书，材料质量证明书的内容应当齐全、清晰，并且盖有材料制造单位质量检验章；

(6) 对于压力容器专用钢板，由材料制造单位直接向压力容器制造单位供货时，双方商定钢板质量证明书的份数；由非材料制造单位供货时，材料制造单位应当分别为每张钢板出具质量证明书；

（7）压力容器制造单位从非材料制造单位取得压力容器用材料时，应当取得材料制造单位提供的质量证明书原件或者加盖材料供应单位检验公章和经办人章的复印件（压力容器专用钢板除外）；压力容器制造单位应当对所取得的压力容器用材料及材料质量证明书的真实性和一致性负责。

3. 压力容器专用钢中的碳素钢和低合金钢钢材（钢板、钢管和钢锻件），其磷、硫含量应当符合什么要求？

（1）碳素钢和低合金钢钢材基本要求，P≤0.030%、S≤0.020%；

（2）标准抗拉强度下限值大于或等于540MPa的钢材，P≤0.025%、S≤0.015%；

（3）用于设计温度低于-20℃并且标准抗拉强度下限值小于540MPa的钢材，P≤0.025%、S≤0.012%；

（4）用于设计温度低于-20℃并且标准抗拉强度下限值大于或等于540MPa的钢材，P≤0.020%、S≤0.010%。

4. 碳素钢和低合金钢（钢板、钢管和钢锻件）冲击功指标是多少？

厚度不小于6mm的钢板、直径和厚度可以制备宽度为5mm小尺寸冲击试样的钢管、任何尺寸的钢锻件，按照设计要求的冲击试验温度下的V形缺口试样冲击功（K_{V2}）指标应当符合表2-1规定。

表2-1　碳素钢和低合金钢（钢板、钢管和钢锻件）冲击功

钢材标准抗拉强度下限值 R_m/MPa	3个标准试样冲击功平均值 KV_2/J
≤450	≥20

续表

钢材标准抗拉强度下限值 R_m/MPa	3个标准试样冲击功平均值 KV_2/J
>450~510	≥24
>510~570	≥31
>570~630	≥34
>630~690	≥38

5. 焊接结构用碳素钢、低合金高强度钢和低合金低温钢钢板，其断后伸长率(*A*)指标应当符合什么指标？

钢板断后伸长率指标见表2-2。

表2-2 钢板断后伸长率

钢板标准抗拉强度下限值 R_m/MPa	断后伸长率 *A*/%
≤420	≥23
>420~550	≥20
>550~680	≥17

6. 碳素钢沸腾钢板Q235A·F的适用范围是如何规定的？

(1) 容器的设计压力 p≤0.6MPa；

(2) 钢板使用温度为0~250℃；

(3) 用于壳体时，钢板厚度不大于12mm；

(4) 不得用于易燃介质以及毒性程度为中度、高度或极度危害介质的压力容器。

7. 碳素钢镇静钢板的适用范围是如何规定的？

(1) Q235A钢板

① 容器的设计压力 p≤1.0MPa；

② 钢板使用温度为0~350℃；

③ 用于壳体时，钢板厚度不大于 16mm；

④ 不得用于液化石油气介质以及毒性程度为高度或极度危害介质的压力容器。

（2）Q235B 钢板

① 容器的设计压力 $p \leq 1.6$MPa；

② 钢板使用温度为 0~350℃；

③ 用于壳体时，钢板厚度不大于 20mm；

④ 不得用于介质毒性程度为高度或极度危害介质的压力容器。

（3）Q235C 钢板

① 容器的设计压力 $p \leq 2.5$MPa；

② 钢板使用温度为 0~400℃；

③ 用于壳体时，钢板厚度不大于 30mm。

8. 哪些碳素钢和低合金钢钢板，应在正火状态下使用？

（1）用于壳体厚度大于 30mm 的 20R 和 16MnR；

（2）用于其他受压元件（法兰、管板、平盖等）的厚度大于 50 mm 的 20R 和 16MnR；

（3）厚度大于 16mm 的 15MnVR。

9. 哪些碳素钢和低合金钢钢板，应逐张进行拉伸和夏比（V 形缺口）冲击（常温或低温）试验？

（1）调质状态供货的钢板；

（2）多层包扎压力容器的内筒钢板；

（3）用于壳体厚度大于 60mm 的钢板。

10. 碳素钢和低合金钢钢板使用温度低于或等于-20℃时，其使用状态及最低冲击试验温度是如何规定的？

其使用状态及最低冲击试验温度见表 2-3。

表 2-3　钢板使用状态及最低冲击试验温度

钢　号	使用状态	厚度/mm	最低冲击试验温度/℃
16MnR	热轧	6~25	-20
	正火	6~120	
07MnCrMoVR	调质	16~50	-20
16MnDR	正火	6~50	-40
		>36~100	-30
07MnNiCrMoVDR	调质	16~50	-40
15MnNiDR	正火，正火加回火	6~60	-45
09Mn2VDR	正火，正火加回火	6~36	-50
09MnNiDR	正火，正火加回火	6~60	-70

11. 碳素钢和低合金钢钢管使用温度低于或等于-20℃时，其使用状态及最低冲击试验温度是如何规定的?

其使用状态及最低冲击试验温度见表 2-4。

表 2-4　钢管使用状态及最低冲击试验温度

钢号	使用状态	壁厚/mm	最低冲击试验温度/℃
10	正火	≤16	-30
20G	正火	≤16	-20
16Mn	正火	≤20	-40
09MnD	正火	≤16	-50

12. 压力容器用有色金属(铝、钛、铜、镍及其合金等)应当符合哪些要求?

(1) 用于制造压力容器的有色金属，其技术要求符合《固定式压力容器安全技术监察规程》引用标准的规定，如有特殊要求，需要在设计图样或者相应技术文件中注明;

(2) 压力容器制造单位建立严格的管理制度，并且设专门场所，与碳钢、低合金钢分开存放。

13. 铝和铝合金用于压力容器受压元件时，应当符合哪些要求？

(1) 设计压力不大于 16MPa；

(2) 含镁量大于或者等于 3% 的铝合金（如 5083、5086），其设计温度范围为 -269～65℃，其他牌号的铝和铝合金，其设计温度范围为 -269～200℃。

14. 铜和铜合金用于压力容器受压元件时，应当符合哪些要求？

设计温度不高于 200℃。

15. 钛和钛合金用于压力容器受压元件时，应当符合哪些要求？

(1) 钛和钛合金的设计温度不高于 315℃，钛—钢复合板的设计温度不高于 350℃；

(2) 用于制造压力容器壳体的钛和钛合金在退火状态下使用。

16. 镍和镍合金用于压力容器受压元件时，应当符合哪些要求？

应当在退火或者固溶状态下使用。

17. 钽、锆、铌及其合金用于压力容器受压元件时，应当符合哪些要求？

应当在退火状态下使用；钽和钽合金设计温度不高于 250℃，锆和锆合金设计温度不高于 375℃，铌和铌合金设计温度不高于 220℃。

18. 压力容器用复合钢板应符合哪些要求？

压力容器用复合钢板应当按照《固定式压力容器安全技术监察规程》引用标准的规定选用，并且符合以下要求：

(1) 复合钢板复合界面的结合剪切强度，不锈钢—钢复合板不小于210MPa，镍—钢复合板不小于210MPa，钛—钢复合板不小于140 MPa，铜—钢复合板不小于100 MPa；

(2) 复合钢板基层材料的使用状态符合《固定式压力容器安全技术监察规程》引用标准的规定；

(3) 碳素钢和低合金钢基层材料(包括钢板和钢锻件)按照基层材料标准的规定进行冲击试验，冲击功合格指标符合基层材料标准或者订货合同规定。

19. 压力容器用钢板检测要求有哪些？

厚度大于或者等于12mm的碳素钢和低合金钢钢板(不包括多层压力容器的层板)用于制造压力容器壳体时，凡符合下列条件之一的，应当逐张进行超声检测：

(1) 盛装介质毒性程度为极度、高度危害的；

(2) 在湿 H_2S 腐蚀环境中使用的；

(3) 设计压力大于或者等于10MPa的；

(4)《固定式压力容器安全技术监察规程》引用标准中要求逐张进行超声检测的。

20. 奥氏体不锈钢焊接钢管的技术要求有哪些？

(1) 采用热轧钢板或钢带制造的焊接钢管，其壁厚允许偏差为±12.5%；

(2) 钢管的弯曲度不大于1.5mm/m；

(3) 钢管应逐根进行涡流或射线(对大直径管子)检测，检测方法和合格标准按JB 4730—2005《承压设备无损检测》的规定；

(4) 根据需方要求，钢管应逐根进行水压试验；水压试验压力为容器设计压力的2倍，保压时间为10s，试验后管壁无渗漏现象；

（5）还应遵循 GB 12771—2000《流体输送用不锈钢焊接钢管》的规定。

21. 用于制造第一、第二类压力容器的钢板，在什么情况下需要复验?

有下列情况之一的应复验：

（1）设计图样要求复验的；

（2）用户要求复验的；

（3）制造单位不能确定材料真实性或对材料的性能和化学成分有怀疑的；

（4）钢材质量证明书注明复印件无效或不等效的。

22. 用于制造第三类压力容器的钢板必须复验，复验内容应包括哪些方面?

复验内容至少包括：逐张检查钢板表面质量和材料标志；按炉复验钢板的化学成分；按批复验钢板的力学性能、冷弯性能；当钢厂未提供钢板超声检测保证书时，应按用于制造压力容器壳体的碳素钢和低合金钢钢板要求进行超声检测。

23. 用于制造第三类压力容器的锻件复验要求有哪些?

（1）应按压力容器锻件国家标准或行业标准规定的项目进行复验；

（2）对制造单位经常使用且已有信誉保证的外协锻件，如质量证明是(原件)项目齐全，可只进行硬度和化学成分复验，复验结果出现异常时，则应进行力学性能复验；

（3）压力容器制造单位锻制且供本单位使用的锻件，可免复验。

24. 低温容器受压元件用钢有何要求？

低温容器受压元件用钢必须是镇静钢，钢材的使用温度下限可不同于钢材标准中规定的最低试验温度。

25. 直接与受压元件焊接的非受压元件用钢，应符合哪些要求？

（1）承受较大载荷须做强度计算的非受压元件用钢，应具有与受压元件相当的韧性；

（2）应是焊接良好的钢材。

26. 低温容器用钢材分批冲击试验复检，其分批要求及试样截取有何规定？

（1）钢板：每批钢板由同一牌号、同一厚度和同一热处理方法组成。每批钢板质（重）量按厚度分类：6～16mm 钢板应不大于 15t；大于 16mm 钢板应不大于 25t。每批取一组试样，试样方向为横向。

（2）钢管：每批钢管由同一牌号、同一炉罐号、同一规格和同一热处理方法组成。每批钢管按直径分类：外直径大于 351mm 的钢管每批不超过 50 根；外直径小于或等于 351mm 的钢管每批不超过 200 根。在每批中的任意两根钢管上各取一组试样。

用于制造壳体，且厚度大于 16mm 的钢管，按批抽 10%，且不少于两根，每根取一组试样。

取样位置应靠近钢管内壁，一般为纵向，对大直径厚壁管可沿切向取样。缺口应沿厚度方向切取。

（3）锻件：按照 JB 4727—2000《低温压力容器用低合金钢锻件》规定的取样数量和取样部位切取试样。

27. 低温容器用钢的低温夏比（V 形缺口）冲击试验最低冲击功是如何规定的？

低温夏比（V 形缺口）冲击试验最低冲击功规定值见表 2-5。

表 2-5 低温夏比(V 形缺口)冲击试验最低冲击功规定值

钢材标准抗拉强度下限值 R_m/MPa	三个试样的冲击功平均值 KV_2/J 10mm×10mm×55mm
≤450	18
>450~515	20
>515~650	27
奥氏体钢焊缝金属	31

注：1. 试验温度下三个试样的冲击功平均值不得低于表中的规定；其中单个试样的冲击功可小于平均值，但不得小于平均值的 70%。

2. 标准抗拉强度下限值大于 650MPa 的螺栓等钢材的冲击功值按标准抗拉强度下限值等于 650MPa 钢材的要求，但 40CrNiMo 的低温冲击功应不小于 31J(三个试样平均值)。

28. 压力容器材料许用应力(或者设计应力强度)的最小安全系数是如何规定的?

规则设计方法和分析设计方法的安全系数见表 2-6、表 2-7。

表 2-6 规则设计方法的安全系数

材料（板、锻件、管）	安全系数			
	室温下的抗拉强度 R_m	设计温度下的屈服强度	设计温度下持久强度极限平均值 R_D^t	设计温度下蠕变极限平均值（每 1000h 蠕变率为 0.01%的）R_n^t
碳素钢和低合金钢	$n_b \geqslant 2.7$	$n_s \geqslant 1.5$	$n_d \geqslant 1.5$	$n_n \geqslant 1.0$
高合金钢	$n_b \geqslant 2.7$	$n_s \geqslant 1.5$	$n_d \geqslant 1.5$	$n_n \geqslant 1.0$

续表

材料（板、锻件、管）	安全系数			
	室温下的抗拉强度 R_m	设计温度下的屈服强度	设计温度下持久强度极限平均值 R_D^t	设计温度下蠕变极限平均值（每1000h蠕变率为0.01%的）R_n^t
钛和钛合金	2.7		$n_d \geq 1.5$	$n_n \geq 1.0$
镍和镍合金	$n_b \geq 2.7$	$n_s \geq 1.5$	$n_d \geq 1.5$	$n_n \geq 1.0$
铝和铝合金	$n_b \geq 3.0$	$n_s \geq 1.5$	—	—
铜和铜合金	$n_b \geq 3.0$	$n_s \geq 1.5$	—	—

表 2-7　分析设计方法的安全系数

材　料	安全系数	
	室温下的抗拉强度 R_m	设计温度下的屈服强度 $R_{eL}^t(R_{p0.2}^t)$
碳素钢和低合金钢	$n_b \geq 2.4$	$n_s \geq 1.5$
高合金钢	$n_b \geq 2.4$	$n_s \geq 1.5$

29. 压力容器用螺栓的安全系数是如何规定的？

压力容器用螺柱（螺栓）的安全系数见表 2-8。

表 2-8　压力容器用螺柱（螺栓）的安全系数

材　料	螺柱（螺栓）直径/mm	热处理状态	安全系数	
			设计温度下的屈服强度 $R_{eL}^t(R_{p0.2}^t)$	设计温度下持久强度极限平均值 R_D^t
碳素钢	≤M22	热轧、正火	2.7	1.5
	M24～M48		2.5	

续表

材　料	螺柱(螺栓)直径/mm	热处理状态	安全系数	
			设计温度下的屈服强度 R^t_{eL}($R^t_{p0.2}$)	设计温度下持久强度极限平均值 R^t_D
低合金钢与马氏体高合金钢	≤M22	调质	3.5	1.5
	M24~M48		3.0	
	≥M52		2.7	
奥氏体高合金钢	≤M22	固溶	1.6	
	M24~M48		1.5	

30. 压力容器在选材的时候应考虑材料的哪些性能?

压力容器的选材应考虑材料的力学性能、化学性能、物理性能和工艺性能。

31. 压力容器受压元件用钢，应当采用何种钢材?

压力容器受压元件用钢，应当是氧气转炉或者电炉冶炼的镇静钢。对标准抗拉强度下限值大于或者等于540MPa的低合金钢钢板和奥氏体—铁素体不锈钢钢板，以及用于设计温度低于-20℃的低温钢板和低温钢锻件，还应当采用炉外精炼工艺。

32. 厚度大于或者等于12mm的碳素钢和低合金钢钢板(不包括多层压力容器的层板)用于制造压力容器壳体时，什么情况下需要进行逐张进行超声波检测?

只要符合哪些条件之一的，就应当逐张进行超声波检测

(1) 盛装介质毒害程度为极度、高度危害的;

(2) 在湿 H_2S 腐蚀环境中使用;

(3) 设计压力大于或等于10MPa的。

33. 压力容器用铸铁材料的应用限制有哪些？

铸铁不得用于盛装毒性程度为极度、高度或者中度危害介质，以及设计压力大于或者等于 0.15MPa 的易爆介质压力容器的受压元件，也不得用于管壳式余热锅炉的受压元件。

34. 压力容器用铸铁的设计压力、温度限制有哪些？

（1）灰铸铁：设计压力不大于 0.8MPa，设计温度范围为 10~200℃；

（2）球墨铸铁：设计压力不大于 1.6 MPa，QT400-18R 的设计温度范围为 0~300℃，QT400-18L 的设计温度范围为-10~300℃。

三、设　计

1. 压力容器产品设计、制造应符合的标准要求是什么?

应符合相应国家标准、行业标准或企业标准的要求。

2. 压力容器设计条件至少包含哪些内容?

压力容器的设计委托方应当以正式书面形式向设计单位提出压力容器的设计条件。设计条件至少包含以下内容:

(1) 操作参数(包括工作压力、工作温度范围、液位高度、接管载荷等);

(2) 压力容器使用地及其自然条件(包括环境温度、抗震设防烈度、风和雪载荷等);

(3) 介质组分与特性;

(4) 预期使用年限;

(5) 几何参数和管口方位;

(6) 设计需要的其他必要条件。

3. 压力容器图样分为哪几类图?

按照图样表示的内容,可分为总图、装配图、部件图、零件图、表格图、特殊工具图、管口方位图、预焊件图等八类。

4. 压力容器的设计总图上,至少应当注明哪些内容?

(1) 压力容器的名称、类别,设计、制造所依据的主要法规、标准;

(2) 工作条件,包括工作压力、工作温度、介质毒性和爆炸危害程度等;

(3) 设计条件，包括设计温度、设计载荷(包括压力在内的所有应当考虑的载荷)、介质(组分)、腐蚀裕量、焊接接头系数、自然条件等，对储存液化气体的储罐应当注明装量系数，对有应力腐蚀倾向的储存容器应当注明腐蚀介质的限定含量；

(4) 主要受压元件材料牌号与标准；

(5) 主要特性参数(如压力容器的容积、换热器换热面积与程数等)；

(6) 压力容器设计使用年限(疲劳容器表明循环次数)；

(7) 特殊制造要求；

(8) 热处理要求；

(9) 无损检测要求；

(10) 耐压试验和泄漏试验要求；

(11) 预防腐蚀的要求；

(12) 安全附件的规格和订购特殊要求(工艺系数已考虑的除外)；

(13) 压力容器铭牌的位置；

(14) 包装、运输、现场组焊和安装要求。

5. 压力容器检查孔开设位置有何要求？

(1) 检查孔的开设应合理、恰当，便于观察或清理内部；

(2) 手孔应开设在封头上或封头附近的筒体上。

6. 哪些压力容器可不开设检查孔？

符合下列条件之一的

(1) 筒体内径小于等于 300mm 的压力容器；

(2) 压力容器上设有可以拆卸的封头、盖板等或其他能够开关的盖子，其封头、盖板或盖子的尺寸不小于所规定检查孔的尺寸；

（3）无腐蚀或轻微腐蚀，无需做内部检查和清理的压力容器；

（4）制冷装置用压力容器。

7. 压力容器内的绝对压力应如何计算？

压力容器内的绝对压力应为压力表显示的压力与周围环境的大气压力之和。

8. 压力容器检查孔的最少数量与最小尺寸应如何开设？

压力容器检查孔的最少数量与最小尺寸应符合表 3-1 要求：

表 3-1 压力容器检查孔的最少数量与最小尺寸

内径 D_i/mm	检查孔最少数量	检查孔最小尺寸/mm		备 注
		人孔	手孔	
$D_i \leqslant 300$	可不开			可不开
$300 < D_i \leqslant 500$	手孔 2 个		ϕ75 或长圆孔 75×50	
$500 < D_i \leqslant 1000$	人孔 1 个，或手孔 2 个（当容器无法开人孔时）	ϕ400 或长圆孔 400×280	ϕ100 或长圆孔 100×80	
$D_i > 1000$	人孔 1 个，或手孔 2 个（当容器无法开人孔时）	同上	ϕ150 或长圆孔 150×100	球罐人孔最小 500mm

9. 压力容器用液面计应符合什么要求？

压力容器用液面计应符合有关标准的规定，并应符合下列要求：

(1) 应根据压力容器的介质、最高工作压力和温度正确选用。

(2) 在安装使用前，低、中压容器用液面计，应进行1.5倍液面计公称压力的液压试验；高压容器的液面计应进行1.25倍液面计公称压力的试验。

(3) 盛装0℃以下介质的压力容器，应选用防霜液面计。

(4) 寒冷地区室外使用的液面计，应选用夹套型或保温型结构的液面计。

(5) 用于易燃、毒性程度为极度、高度危害介质的液化气体压力容器上，应有防止泄漏的保护装置。

(6) 要求液面计指示平稳的，不应采用浮子(标) 式液面计。

(7) 移动式压力容器不得使用玻璃板式液面计。

10. 压力容器筒体板材焊接坡口形式主要有几种？

压力容器筒体板材焊接坡口形式主要有单面V形坡口，双面V形坡口，单面U形坡口、双面U形坡口、X形坡口等五种。

11. 压力容器焊接缺陷主要有几种？

压力容器焊接缺陷主要有气孔、夹渣、裂纹、咬边、未熔合、错边咬边、变形等七种。

12. 焊接方式一般有几种？

焊接方式一般分手工焊接、自动焊接。自动焊接又分为气体保护焊接和埋弧焊接。手工焊接又分为一般手工焊接、气体保护焊接。

13. 有的容器板材为什么焊前要预热？

容器板材焊前要预热是由于容器选用材料的特性决定

的，是为了减少焊接产生裂纹、残余应力等焊接缺陷。

14. 压力容器为什么不能改变用途？

压力容器是严格按照国家法律法规进行设计、制造、使用的设备，一般情况下不允许改变用途，一旦改变用途将操作温度、压力、介质等于发生改变后可能会造成事故。经过申报，地方质量技术监督局核准后，方可改造它用。

15. 压力容器能够超温超压使用吗？

压力容器是根据操作温度、压力、介质及环境设计的，严禁超出设计的操作温度、压力情况下使用。超温超压使用压力容器轻者可能造成容器损毁，重者将造成机毁人亡。

16. 设计单位都能设计压力容器吗？

压力容器设计单位必须取得由国家质监局颁发的压力容器设计资质许可证，审核人员也要取得相应的压力容器审核资格证书。

17. 容器的结构设计需要考虑哪些内容？

容器的结构设计要求均应有足够的柔性，需要充分考虑一下问题：

（1）结构应尽量简单；

（2）避免产生过大的温度梯度；

（3）应尽量避免结构形状的突然变化，以减小局部高应力；接管端部应打磨成圆角，成圆滑过渡；

（4）容器的支座或支腿需设置垫板，不得直接焊在壳体上。

18. 压力容器确定设计压力应考虑哪些内容？

确定设计压力时，应考虑

（1）容器上装有超压泄放装置时，应按 GB 150《压力容器》中超压泄放装置(标准的附录)的规定确定设计压力。

(2) 对于盛装液化气体的容器，在规定的充装系数范围内，设计压力应根据工作条件下可能达到的最高金属温度确定。

(3) 确定外压容器的设计压力时，应考虑在正常工作情况下可能出现的最大内外压力差。

(4) 确定真空容器的壳体厚度时，设计压力按承受外压考虑。当装有安全控制装置(如真空泄放阀)时，设计压力取1.25倍最大内外压力差或0.1MPa两者中的低值；当无安全泄放装置时，取0.1MPa。

(5) 由两室或两个以上压力室组成的容器，确定设计压力时，应考虑各室之间的最大压力差。

(6) 对有不同工况的容器，应按最苛刻的工况设计，并在图样或相应技术文件注明各工况的压力值。

19. 压力容器确定设计温度应考虑哪些内容?

确定设计温度时，应考虑

(1) 设计温度不得低于元件金属在工作状态可能达到的最高温度；对于0℃以下的金属温度，设计温度不得高于元件金属可能达到的最低温度。

(2) 低温容器的设计温度按GB 150中低温压力容器(标准的附录)的规定确定。

(3) 容器各部分在工作状态下的金属温度不同时，可分别设定每部分的设计温度。

(4) 元件的金属温度可用传热计算求得，或在已使用的同类容器上测得，或按内部介质温度确定。

(5) 对有不同工况的容器，应按最苛刻的工况设计，并在图样或相应技术文件注明各工况的温度值。

20. 压力容器设计时应考虑哪些载荷?

压力容器设计时应考虑以下载荷:

(1) 内压、外压或最大压差;

(2) 液体静压力;

需要时,还应考虑下列载荷:

(3) 容器的自重(包括内件和填料等),以及正常工作条件下或压力试验状态下内装物料的重力载荷;

(4) 附属设备及隔热材料、衬里、管道、扶梯、平台等的重力载荷;

(5) 风载荷、地震力、雪载荷;

(6) 支撑、底座圈、支耳及其他形式支撑件的反作用力;

(7) 连接管道和其他部件的作用力;

(8) 温度梯度或热膨胀量不同引起的作用力;

(9) 包括压力急剧波动的冲击载荷;

(10) 冲击反力,如由流体引起的反力等;

(11) 运输或吊装时的作用力。

21. 压力容器设计过程中,腐蚀裕量是如何确定的?

为防止容器原件由于腐蚀、机械磨损而导致厚度削弱减薄,应考虑腐蚀裕量,具体规定如下:

(1) 对有腐蚀或磨损的元件,应根据预期的容器寿命和介质对金属材料的腐蚀速率确定腐蚀裕量;

(2) 容器各元件受到的腐蚀程度不同时,可采用不同的腐蚀裕量;

(3) 介质为压缩空气、水蒸气或水的碳素钢、低合金钢制容器,腐蚀裕量不小于1mm。

22. 压力容器壳体上开孔有何要求?

壳体上的开孔应为圆形、椭圆形或长圆形。当在壳体上开椭圆形(或类似形状)长圆形孔时，孔的长径与短径之比应不大于2.0。

23. 压力容器采用补强圈补强时，应遵循哪些规定？

(1) 钢材的标准抗拉强度下限值 $R_m \leqslant 540\text{MPa}$；

(2) 补强圈厚度小于或等于 $1.5\delta_n$；

(3) 壳体名义厚度 $\delta_n \leqslant 38\text{mm}$。

24. 压力容器的螺栓法兰联接设计包括哪些内容？

(1) 确定垫片材料、型式及尺寸；

(2) 确定螺栓材料、规格及数量；

(3) 确定法兰材料、密封面型式及结构尺寸；

(4) 进行应力校核，计算中所有尺寸均不包括腐蚀裕量。

25. 采用钢板制造带颈法兰时，必须符合哪些要求？

(1) 钢板应经超声检测，无分层缺陷；

(2) 应沿钢板轧制方向切割出板条，经弯制，对焊成为圆环，并使钢板表面成为环的侧面；

(3) 圆环的对接接头应采用全焊透结构；

(4) 圆环对接接头应经焊后热处理及100%射线或超声检测，合格标准按 JB 4700 的规定。

26. 法兰在哪些情况下应经正火或完全退火热处理？

(1) 法兰断面厚度大于 76mm 的碳素钢或低合金钢制法兰；

(2) 焊制整体法兰；

(3) 锻制法兰。

27. 法兰按其整体性程度分为哪几种型式？

分为三种型式：松式法兰、整体法兰、任意式法兰。

28. 法兰若分别承受内压和外压作用时，如何设计？

法兰在操作过程中，若分别承受内压和外压的作用，则法兰应按两种压力工况单独进行设计，且须同时满足要求。

29. 压力容器的设计委托方应当以正式书面形式向设计单位提出压力容器设计条件至少包含哪些内容？

（1）操作参数，包括工作压力、工作温度范围、液位高度、接管载荷等；

（2）压力容器使用地及其自然条件。包括环境温度、抗震设防烈度、风和雪载荷等；

（3）介质组分与特性；

（4）预期使用年限；

（5）几何参数和管口方位；

（6）设计需要及其他必要条件。

30. 压力容器的设计应当充分考虑节能降耗原则，还应符合哪些要求呢？

（1）充分考虑压力容器的经济性，合理选材，合理确定结构尺寸；

（2）对换热容器进行优化设计，提高换热效率，满足能效要求；

（3）对有保温或者保冷要求的压力容器，要在设计文件中提出有效的保温或者保冷措施。

31. 装有超高压泄放装置的压力容器，其动作压力有何要求？

装有超高压泄放装置的压力容器，超压泄放装置的动作压力不得高于压力容器的设计压力。

32. 常温储存液化气体的压力容器，规定温度下工作压力如何确定？

常温储存液化气的压力容器，规定温度下的工作压力见表 3-2。

表 3-2　规定温度下的工作压力

液化气体临界温度	规定温度下的工作压力		
	无保冷措施	有保冷措施	
		无实验实测温度	有实验实测最高工作温度并且能保证低于临界温度
≥50℃	50℃饱和蒸汽压力	可能达到的最高工作温度下的饱和蒸汽压力	
<50℃	在设计所规定的最大充装量下为50℃的气体压力		试验实测最高工作温度下的饱和蒸汽压力

33. 储存液化气体的压力容器的装量系数是多少?

储存液化气体的压力容器应当规定设计储存量，装量系数不得大于 0.95。

34. 压力容器最小厚度的确定应当考虑哪些因素的影响?

压力容器最小厚度的确定应当考虑制造、运输、安装等因素的影响。

35. 对于有均匀腐蚀的压力容器，腐蚀裕量根据什么确定?

对于有均匀腐蚀的压力容器，腐蚀裕量根据预期的压力容器使用年限和介质对材料的腐蚀速率确定；同时还应当考虑介质流动对受压元件的冲蚀、磨损等影响。

36. 快开门式压力容器是如何定义的?

快开门式压力容器是指进出容器通道的端盖或者封头和主体间带有相互嵌套的快速密封锁紧装置的容器。

37. 快开门式压力容器应当具有哪些要求的安全联锁功能?

（1）当快开门达到预定关闭部位，方能升压运行；

（2）当压力容器的内部压力完全释放，方能打开快开门。

38. 在设计钢制球形储罐时应考虑哪些载荷？

（1）压力；

（2）液柱静压力；

（3）球罐自重(包括内重)以及正常工作条件下或压力试验状态下内装物料的重力载荷；

（4）附属设备及隔热材料、管道、支柱、拉杆、梯子、平台等的重力载荷；

（5）风载荷、地震力、雪载荷；

需要时，还应考虑下列载荷：

（6）支柱的反作用力；

（7）连接管道的其他部件的作用力；

（8）温度梯度或热膨胀量不同引起的作用力；

（9）包括压力急剧波动的冲击载荷；

（10）冲击反力，如由流体冲击引起的反力等。

四、制造与焊接

1. 压力容器出厂时，制造单位应向用户至少提供哪些技术文件和资料？

(1) 竣工图样(加盖竣工图章)；

(2) 产品质量证明书及产品铭牌的拓印件；

(3) 压力容器产品安全质量监督检验证书(未实施监检的产品除外)；

(4) 移动式压力容器还应提供产品使用说明书(含安全附件使用说明书)、随车工具及安全附件清单、底盘使用说明书等；

(5) 强度计算书(设计条件、所用范围和标准、材料、腐蚀裕量、计算厚度、名义厚度、计算应力等)。

2. 压力容器说明书应至少包括哪些内容？

(1) 容器特性包括设计压力(含不同工况条件下的不同设计压力)、最大允许工作压力(必要时)、试验压力、设计温度(含不同工况条件下的不同设计温度)、工作介质、容器类别；

(2) 容器竣工总图；

(3) 容器主要零部件表；

(4) 容器的热处理状态与禁焊等特殊说明。

3. 压力容器质量证明书应至少包括哪些内容？

(1) 主要零部件材料的化学成分和力学性能；

(2) 无损检测要求和结果；

（3）焊接质量的检查结果（包括超过两次的返修记录）；
（4）压力试验与气密性试验结果；
（5）与 GB 150 标准和图样不符的项目。

4. 压力容器铭牌上应包括哪些内容？

（1）制造单位名称和制造许可证号码；
（2）制造单位对该容器产品的编号；
（3）制造日期；
（4）设计压力（含不同工况条件下的不同设计压力）；
（5）最大允许工作压力（必要时）；
（6）试验压力；
（7）设计温度（含不同工况条件下的不同设计温度）；
（8）容器重量；
（9）容器类别。

5. 压力容器的制造许可按压力容器产品特点分 A、B、C、D 四个级别，具体内容是什么？

具体级别 制造压力容器范围 代表产品如下：

A 级别压力容器

超高压容器、高压容器（A1）；

第三类低、中压容器（A2）；

球形储罐现场组焊或球壳板制造（A3）；

非金属压力容器（A4）；

医用氧舱（A5）；

（A1 应注明单层、锻焊、多层包扎、绕带、热套、绕板、无缝、锻造、管制等结构形式）

B 级别压力容器

无缝气瓶（B1）；

焊接气瓶（B2）；

特种气瓶(B3);

(B2 注明含(限) 溶解乙炔气瓶或液化石油气瓶; B3 注明机动车用、缠绕、非重复充装、真空绝热低温气瓶等)

C 级别压力容器

铁路罐车(C1);

汽车罐车或长管拖车(C2);

罐式集装箱(C3);

D 级别压力容器

第一类压力容器(D1);

第二类低、中压容器(D2);

(注: 一、二、三类压力容器的划分按照《固定式压力容器安全技术监察规程》确定)

6. 选择压力容器用钢应考虑哪些内容?

应考虑容器的使用条件(如设计温度、设计压力、介质特性和操作特点等)、材料的焊接性能、容器的制造工艺以及经济合理性。

7. 压力容器的焊接有何要求?

焊制压力容器的筒体纵向接头、筒节与筒节(封头)连接的环向接头, 以及封头的拼接接头, 必须采用全截面焊透的对接接头形式, 球形储罐球壳板不得拼接。有下列情况之一的, 应采用全焊透形式:

(1) 介质为易燃或毒性为极度危害和高度危害的压力容器;

(2) 做气压试验的压力容器;

(3) 第三类压力容器;

(4) 低温压力容器;

(5) 按疲劳准则设计的压力容器;

(6) 直接受火焰加热的压力容器；

(7) 移动式压力容器。

8. 压力容器焊接时，哪些条件下焊缝表面不得有咬边？

有下列情况之一的：

(1) 标准抗拉强度下限值大于 540MPa 钢材制造的容器；

(2) Cr-Mo 低合金钢材制造的容器；

(3) 不锈钢材料制造的容器；

(4) 焊接接头系数 ϕ 为 1 的容器(用无缝钢管制造的容器除外)。

其他容器焊缝表面咬边深度不得大于 0.5mm，咬边连续长度不得大于 100mm，焊缝两侧咬边的总长不得超过该焊缝长度的 10%。

9. 钢制压力容器的焊后热处理有何要求？

(1) 高压容器、中压反应容器和储存容器、盛装混合液化石油气的卧式储罐、移动式压力容器应采用炉内整体热处理。其他压力容器应采用整体热处理。大型压力容器可采用分段热处理，其重叠热处理部分的长度应不小于 1500mm，炉外部分应采取保温措施。

(2) 修补后的环向焊接接头、接管与筒体或封头连接的焊接接头，可采用局部热处理。局部热处理的焊缝要包括整条焊缝，焊缝每侧加热宽度不小于母材厚度的 2 倍，接管与壳体相焊时加热宽度不小于两者厚度(取较大值)的 6 倍，靠近加热部位的壳体应采取保温措施，避免产生较大的温度梯度。

(3) 焊后热处理应在焊接工作全部结束并检测合格后，耐压试验前进行。

（4）热处理装置（炉）应配有自动记录曲线的测温仪表，并保证加热区内最高与最低温度之差不大于65℃（球形储罐除外）。

10. 压力容器筒体（含球壳、多层压力容器内筒）和封头制造的主要控制内容有哪些？

（1）坡口几何形状和表面质量。

（2）筒体的直线度、棱角度，纵、环焊缝对口错边量，同一断面的最大最小直径差。

（3）多层包扎压力容器的松动面积和套合压力容器套合面的间隙。

（4）封头的拼接成形和主要尺寸偏差。

（5）球壳的尺寸偏差和表面质量。

（6）不等厚的筒体与封头的对接连接要求。

11. 压力容器气密性试验有何要求？

（1）介质毒性程度为极度、高度危害或设计上不允许有微量泄漏的压力容器，必须进行气密性试验。

（2）气密性试验应在液压试验合格后进行。对设计图样要求做气压试验的压力容器，是否需要再做气密性试验，应在设计图样上规定。

（3）碳素钢和低合金钢制压力容器其试验用气体的温度应不低于5℃，其他材料制压力容器按设计图样规定。

（4）气密性试验所用气体应为干燥洁净的空气、氮气或其他惰性气体。

（5）压力容器进行气密性试验时，一般应将安全附件装配齐全。如需投用前在现场装配安全附件，应在压力容器质量证明书的气密性试验报告中注明装配安全附件后需再次进行现场气密性试验。

12. 压力容器的无损检测方法有哪些？

压力容器的无损检测方法包括射线、超声、磁粉、渗透和涡流检测等。

13. 压力容器制成后，应当进行耐压试验，分为哪几种？

耐压试验分为液压试验、气压试验以及气液组合压力试验三种。

14. 压力容器泄漏试验分为哪几种，如何选择？

泄漏试验根据试验介质的不同，分为气密性试验以及氨检漏试验、卤素检漏试验和氦检漏试验等。试验方法的选择，按照设计图样和引用标准要求执行。

15. 压力容器进行气密性试验操作应遵循哪些要求？

在《压力容器定期检验规则》中，制定了如下气密性试验操作应遵循的要求：

（1）压力容器进行气密性试验时，应将安全附件装配齐全；

（2）压力缓慢上升，当达到试验压力的10%时应暂停升压，对密封部位及焊缝等进行检查，若无泄漏或异常现象可继续升压；

（3）升压应分梯次逐级提高，每级一般可为试验压力的10%~20%，每级之间应适当保压，以观察有无异常现象；

（4）达到试验压力后，经检查无泄漏和异常现象，保压时间不少于30min压力不降即为合格。保压时禁止采用连续加压以维持试验压力不变的做法；

（5）有压力时，不得紧固螺栓或进行修理工作。

16. 对压力容器焊工有何要求？

压力容器焊工必须经过技术质量监督局指定的培训和考

试合格后，取得压力容器焊工许可证方可参加压力容器焊接制造。

17. 为什么压力容器制造前要制定焊接工艺评定？

在压力容器制造前制定焊接工艺，是为了确保按照 GB 150《压力容器》制造压力容器的焊接质量。

18. 为什么压力容器要编制制造工艺？

压力容器要编制制造工艺是为了对压力容器制造的全过程进行监控，比如排板、下料、工序衔接、焊接、报检、试验等。

19. 制造过程中，钢板表面的机械损伤如何处理？

制造中应避免钢板表面的机械损伤，对于尖锐伤痕以及不锈钢容器防腐蚀表面的局部伤痕、刻槽等缺陷应予修磨，修磨范围的斜度至少为 1∶3，修磨的深度应不大于该部位钢材厚度的 5%，且不大于 2mm，否则应予焊补。

对于复合板的形件，其修磨深度不得大于复层厚度的 30%，且不大于 1mm，否则应予焊补。

20. 压力容器坡口表面有何要求？

(1) 坡口表面不得有裂纹、分层、夹杂等缺陷；

(2) 标准抗拉强度下限值 $\sigma_b>540MPa$ 的钢材及 Cr-Mo 低合金钢材经火焰切割的坡口表面，应进行磁粉或渗透检测。当无法进行磁粉或渗透检测时，应由切割工艺保证坡口质量；

(3) 施焊前，应清除坡口及其母材两侧表面 20mm 范围内(以离坡口边缘的距离计)的氧化物、油污、熔渣及其他有害杂质。

21. 压力容器封头焊缝有何要求？

封头各种不相交的拼焊焊缝中心线间距离至少应为封头

钢材厚度 δ_s 的 3 倍，且不小于 100mm 。封头由成形的瓣片和顶园板拼接制成时，焊缝方向只允许是径向和环向的，如图 4-1 所示。先拼板后成形的封头拼接焊缝，在成形前应打磨与母材齐平。

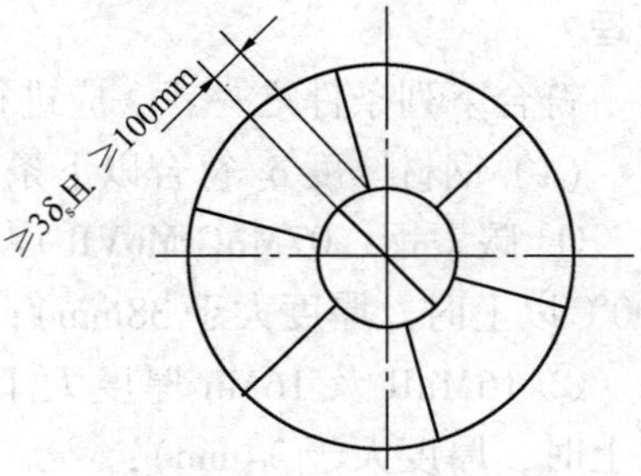

图 4-1 封头焊缝要求

22. 热套压力容器是如何定义的？

热套压力容器是指套合面经机械加工或不经机械加工，各层之间以过盈相互配合，其套合预应力须经热处理尽量消除的容器。

23. 容器制造单位应符合哪些要求？

容器制造单位应具有符合国家压力容器安全监察机构有关法规要求的质量体系或质量保证体系。

24. 压力容器的平盖和筒体端部的加工有何规定？

（1）螺柱孔或通孔的中心圆直径以及相邻两孔弦长允差为±0. 6mm；任意两孔弦长允差按表 4-1 规定；

表 4-1 任意两孔弦长允许 mm

设计内径 D_i	<600	600~1200	>1200
允差	±1.0	±1.5	±2.0

（2）螺孔中心线与端面的垂直度允差不得大于 0. 25%；

（3）螺纹基本尺寸与公差分别按 GB/T 196—2003《普通螺纹 基本尺寸》、GB/T 197—2003《普通螺纹 公差》的规定；

（4）螺孔的螺纹精度一般为中等精度，按相应国家标准选取。

25. 容器及其受压元件在哪些情况下应进行焊后热处理？

符合下列条件之一者，应进行焊后热处理：

（1）钢材厚度 δ_s 符合以下条件者：

① 碳素钢、07MnCrMoVR 厚度大于 32mm（如焊前预热 100℃以上时，厚度大于 38mm）；

② 16MnR 及 16Mn 厚度大于 30mm（如焊前预热 100℃以上时，厚度大于 34mm）；

③ 15MnVR 及 15MnV 厚度大于 28mm（如焊前预热 100℃以上时，厚度大于 32mm）；

④ 任意厚度的 15MnVNR、18MnMoNbR、15CrMoR、13MnNiMoNbR、14Cr1MoR、12Cr2Mo1R、20MnMo、20MnMoNb、15CrMo、12Cr1MoV、12Cr2Mo1 和 1Cr5Mo 钢；

⑤ 对于钢材厚度 δ_s 不同的焊接接头，上述厚度按薄者考虑；对于异种钢材相焊的焊接接头，按热处理严者确定；

（2）图样注明有应力腐蚀的容器，如盛装液化石油气、液氨等的容器；

（3）图样注明盛装毒性为极度或高度危害介质的容器；

（4）除图样另有规定，奥氏体不锈钢的焊接接头可不进行热处理。

26. 冷成形或中温成形的受压元件，何种情况应于成形后进行热处理？

凡符合下列条件之一者：

（1）圆筒钢材厚度 δ_s 符合以下条件者：

① 碳素钢、16MnR 的厚度不小于圆筒内径 D_i 的 3%；

② 其他低碳合金钢的厚度不小于圆筒内径 D_i 的 2.5%；

（2）冷成形封头应进行热处理。

27. 焊后热处理采用炉内加热的方法，其操作应符合哪些规定？

（1）焊件进炉时炉内温度不得高于400℃；

（2）焊件升温至400℃后，加热区升温速度不得超过5000/δ_s ℃/h（δ_s为焊接接头处钢材厚度，mm），且不得超过200℃/h，最小可为50℃/h；

（3）升温时，加热区内任意5000mm长度内的温差不得大于120℃；

（4）保温时，加热区内最高与最低温度之差不宜超过65℃；

（5）升温及保温时应控制加热区气氛，防止焊件表面过渡氧化；

（6）炉温高于400℃时，加热区降温速度不得超过6500/δ_s ℃/h，且不得超过260℃/h，最小可为50℃/h；

（7）焊件出炉时，炉温不得高于400℃，出炉后应在静止空气中继续冷却。

28. A类的圆筒纵向焊接接头，何种条件下应按每台容器制备产品焊接试样？

（1）钢材厚度δ_s>20mm的15MnVR；

（2）钢材标准抗拉强度下限值σ_b>540MPa；

（3）Cr-Mo低合金钢；

（4）当设计温度小于-10℃时，钢材厚度δs>12mm的20R；钢材厚度δ_s>20mm的16MnR；

（5）当设计温度小于0℃，大于等于-10℃时，钢材厚度δ_s>25mm的20R；钢材厚度δ_s>38mm的16MnR；

（6）制作容器的钢板凡需经热处理已达到设计要求的材料力学性能指标者；

（7）图样注明盛装毒性为极度危害或高度危害介质的容器。

29. 制备产品焊接试样和焊接接头试样的要求？

（1）试板的材料必须是合格的，且与容器用材具有相同钢号，相同规格和相同热处理状态；

（2）试板应由施焊容器的焊工，采用施焊容器时相同的条件和相同的焊接工艺焊接，焊工焊接的容器，做焊接试板的焊工由制造单位的检验部门指定；

（3）试板必须在筒节的 A 类纵向接头焊缝的延长部位与筒节同时进行施焊；

（4）有热处理要求的容器，试板应随容器一起进行热处理；

（5）试板尺寸和试样的截取按 GB 150 中产品焊接试板的力学性能检验的规定；若壳体材料（Q235B、Q235C 除外）有冲击要求，试板上也应截取冲击试样，进行冲击试验。

30. 哪些容器及受压元件，需采用图样规定的方法，对其 A 类和 B 类焊接接头进行百分之百射线或超声检测？

凡符合下列条件之一者：

（1）钢材厚度 δ_s>30mm 的碳素钢、16MnR；

（2）钢材厚度 δ_s>25mm 的 15MnVR、15MnV、20MnMo 和奥氏体不锈钢；

（3）标准抗拉强度下限值 σ_b>540MPa 的钢材；

（4）钢材厚度 δ_s>16mm 的 12CrMo、15CrMoR、15CrMo；其他任意厚度的 Cr-Mo 低合金钢；

（5）进行气压试验的容器；

（6）图样注明盛装毒性为极度危害或高度危害介质的容器；

（7）图样规定须100%检测的容器；

（8）多层包扎压力容器内筒的A类焊接接头；

（9）热套压力容器各单层圆筒的A类焊接接头；

（10）对于上述进行百分之百射线或超声检测的焊接接头，是否需采用超声或射线检测进行复查，以及复查的长度，由设计者在图样上予以规定。

31. 压力容器气压试验所用气体有哪几种？

试验所用气体应为干燥洁净的，包括空气、氮气或其他惰性气体。

32. 压力容器出厂质量证明文件包括哪几部分？

包括产品合格证、容器说明书、质量证明书三部分。

33. 压力容器焊接材料包括哪些？

压力容器焊条材料包括焊条、焊丝、钢带、焊剂、气体、电极和衬垫等。

34. 压力容器焊接材料有何要求？

（1）用于制造压力容器受压元件的焊接材料，应当保证焊缝金属的力学性能高于或者等于母材规定的限值，当需要时，其他性能也不得低于母材的相应要求；

（2）焊接材料应当满足相应焊材标准和《固定式压力容器安全技术监察规程》引用标准的要求，并且附有质量证明书和清晰、牢固的标志；

（3）压力容器制造单位应当建立并且严格执行焊接材料验收、复验、保管、烘干、发放和回收制度。

35. 容器主要受压部分的焊接接头分为哪几类？

分为A、B、C、D四类，如图4-2所示。

（1）圆筒部分的纵向接头（多层包扎容器层板层纵向接头除外）、球形封头与圆筒连接的环向接头、各类凸形封头

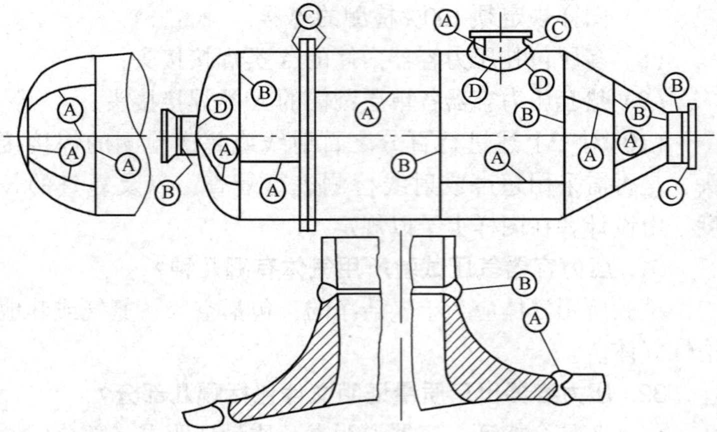

图 4-2　焊接接头的分类

中的所有拼焊接头以及嵌入式接管与壳体对接连接的接头，均属 A 类焊接接头；

(2) 壳体部分的环向接头、锥形封头小端与接管连接的接头、长颈法兰与接管连接的接头，均属 B 类焊接接头，但已规定为 A、C、D 类的焊接接头除外；

(3) 平盖、管板与圆筒非对接连接的接头，法兰与壳体、接管连接的接头，内封头与圆筒的搭接接头以及多层包扎容器层板层纵向接头，均为 C 类焊接接头；

(4) 接管、人孔、凸缘、补强圈等与壳体连接的接头，均属 D 类焊接接头，但已规定为 A、B 类的焊接接头除外。

36. 焊接接头试板尺寸和试样的截取有何要求？

(1) 试板焊缝应进行外观检查和无损检查，然后在合格部位截取试样；

(2) 试板尺寸和试样的截取如图 4-3 所示。

(3) 试板两端舍弃部分长度随焊接方法和板厚而异，一

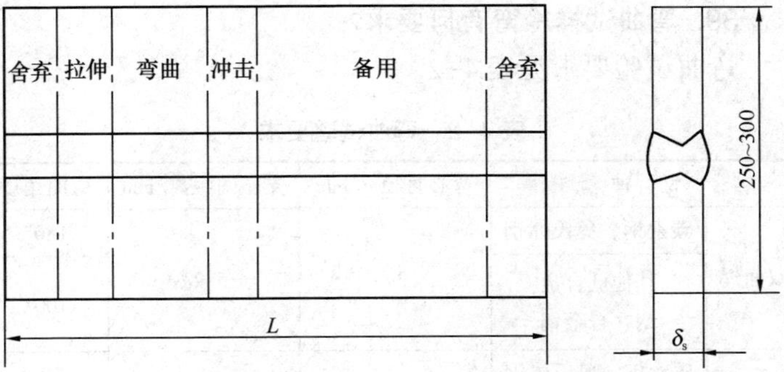

图 4-3　试板尺寸和试样的截取

般手工焊不小于 30mm；自动焊和电渣焊不小于 40mm。如有引弧板和引出板时，也可以舍弃或不舍弃；

(4) 式样的截取一般采用机械切割法，也可用等离子或其他火焰切割的方法，但去除热影响区；

(5) 必要时，也可直接从焊件上截取试样；

(6) 根据不同试样项目的相应要求，对试样进行加工，经检验合格后，打上钢印或其他永久性的标志。

37. 焊接接头拉伸试样的加工有何要求？

(1) 拉伸试样上焊缝余高或垫板应采用机械方法去除，试样拉伸表面应齐平，且尽可能保留焊缝两侧中至少一侧的母材原始表面；

(2) 试样棱角应倒圆，圆角半径不得大于 2mm。

38. 焊接接头弯曲试样的加工有何要求？

(1) 弯曲试样上焊缝余高应采用机械方法去除，使之与母材齐平；

(2) 试样棱角应倒圆，圆角半径不得大于 1mm。

39. 弯曲试样冷弯有何要求？

弯曲试验要求见表 4-2。

表 4-2 弯曲试验要求

钢种		弯心直径 d/mm	支座间距离/mm	弯曲角度
双面焊	碳素钢、奥氏体钢	$3d$	$5.2d$	180°
	其他低合金钢、合金钢			100°
单面焊	碳素钢、奥氏体钢	$3d$	$5.2d$	90°
	其他低合金钢、合金钢			50°
复合板或堆焊复层		$4d$	$6.2d$	180°

40. A 类、B 类焊接接头对口错边量 b 应符合哪些规定？

对口错边量 b 应符合表 4-3 的规定。

表 4-3 对口错边量 b　　mm

对口处钢材厚度 δ_s	按焊接接头类别划分对口错边量 b	
	A	B
≤12	$\leqslant 1/4\delta_s$	$\leqslant 1/4\delta_s$
>12~20	≤3	$\leqslant 1/4\delta_s$
>20~40	≤3	≤5
>40~50	≤3	$\leqslant 1/8\delta_s$
>50	≤1/16δs，且≤10	$\leqslant 1/8\delta_s$，且≤20

注：球形封头与圆筒连接的环向接头以及嵌入式接管与圆筒或封头对接连接的 A 类接头，按 B 类焊接接头的对口错边量要求。

41. 压力容器的接管法兰面有何要求？

法兰面应垂直于接管或圆筒的主轴中心线；接管法兰应保证法兰面的水平或垂直(有特殊要求的应按图样规定)，其偏差均不得超过法兰外径的 1%(法兰外径小于 100mm

时，按 100mm 计算），且不大于 3mm。

42. 容器内件和壳体焊接时，有何要求？

容器内件和壳体焊接的焊缝应尽量避开筒节间相焊及圆筒与封头相焊的焊缝。

43. 承受内压的容器组装完成后，检查壳体的圆度有何要求？

（1）壳体同一断面上最大内径与最小内径之差，应不大于该断面内径的 D_i 的 1%（对锻焊容器为 1‰），且不大于 25mm；

（2）当被检断面位于开孔中心一倍开孔内径范围内时，则应该断面最大内径与最小内径之差，应不大于该断面内径 D_i 的 1%（对锻焊容器为 1‰）与开孔内径的 2%之和，且不大于 25mm。

44. 压力容器焊前准备及施焊环境有哪些要求？

（1）焊条、焊剂及其他焊接材料的贮存库应保持干燥，相对湿度不得大于 60%；

（2）当施焊环境出现下列任一情况，且无有效防护措施时，禁止施焊：

① 手工焊时风速大于 10m/s；

② 气体保护焊时风速大于 2 m/s；

③ 相对湿度大于 90%；

④ 雨、雪环境。

（3）当焊件温度低于 0℃时，应在始焊处 100mm 范围内预热到 15℃左右。

45. 压力容器的组焊要求有哪些？

（1）不宜采用十字焊缝；相邻的两筒节间的纵焊缝和封头拼接焊缝与相邻筒节的纵缝应错开，其焊缝中心线之间的外圆弧长一般应大于筒体厚度的 3 倍，且不小于 100mm。

(2) 在压力容器上焊接的 吊耳和拉筋的垫板等，应采用与压力容器壳体相同或在力学性能和焊接性能方面相似的材料，并用相适应的焊材及焊接工艺进行焊接。临时吊耳和拉筋的垫板割除后留下的焊疤必须打磨平滑，并应按图样规定进行渗透检测或磁粉检测，确保表面无裂纹等缺陷。打磨后的厚度不应小于该部位的设计厚度。

(3) 不允许强力组焊。

(4) 受压元件之间或受压元件与非受压元件组装时的定位焊，若保留成为焊缝金属的一部分，则应按受压元件的焊缝要求施焊。

46. 焊接接头返修有何要求?

(1) 应分析缺陷产生的原因，提出相应的返修方案。

(2) 返修应编制详细的返修工艺，经焊接责任工程师批准后能实施。返修工艺至少应包括缺陷产生的原因；避免再次产生缺陷的技术措施；焊接工艺参数的确定；返修焊工的指定；焊材的牌号及规格；返修工艺编制人、批准人的签字。

(3) 同一部位(指焊补的填充金属重叠的部位)的返修次数不宜超过 2 次。超过 2 次以上的返修，应经制造单位技术总负责人批准字样记入压力容器质量证明书的产品制造变更报告中。

(4) 返修的现场记录应详尽，其内容至少包括坡口形式、尺寸、返修长度、焊接工艺参数(焊接电流、电弧电压、焊接速度、预热温度、层间温度、后热温度和保温时间、焊材牌号及规格、焊接位置等)和施焊者及其钢印等。

(5)要求焊后热处理的压力容器，应在热处理前焊接返修；如在热处理后进行焊接返修，返修后应再做热处理。

(6) 有抗晶间腐蚀要求的奥氏体不锈钢制压力容器，返修部位仍需保证原有的抗晶间腐蚀性能。

(7) 压力试验后需返修的，返修部位必须按原要求经无损检测合格。由于焊接接头或接管泄漏而进行返修的，或返修深度大于1/2壁厚的压力容器，还应重新进行压力试验。

47. 压力容器焊接接头的表面质量有哪些要求？

(1) 不得有表面裂纹、未焊透、未熔合、表面气孔、弧坑、未填满和肉眼可见的夹渣等缺陷；

(2) 焊缝与母材应当圆滑过渡；

(3) 角焊缝的外形应当凹形圆滑过渡；

(4) 按照疲劳分析设计的压力容器，应当去除纵、环焊缝的余高，使焊缝表面与母材表面平齐；

(5) 咬边及其他表面质量，应当符合设计图样引用标准的规定。

48. 需要制备压力容器产品焊接试件的条件有哪些？

(1) 碳钢、低合金钢制低温压力容器；

(2) 材料标准抗拉强度下限值大于或者等于540MPa的低合金钢制压力容器；

(3) 需经过热处理改善或者恢复材料力学性能的钢制压力容器；

(4) 设计图样注明盛装毒性为极度或者高度危害介质的压力容器；

(5) 设计图样引用标准要求制备产品焊接试件的压力容器。

49. 压力容器壳体和封头的外观与几何尺寸检查的主要项目有哪些？

（1）主要几何尺寸、管口方位；

（2）单层筒（含多层及整体包扎压力容器内筒）、球壳和封头的纵、环焊缝棱角度与对口错边量；

（3）多层包扎压力容器、整体包扎压力容器的松动面积和热套压力容器热套面间隙；

（4）凸形封头的内表面形状公差及碟形、带折边锥形封头的过渡段转角半径；

（5）球壳顶圆板与瓣片形状、尺寸；

（6）不等厚对接的过渡尺寸。

50. 压力容器产品焊接试件的制备要求有哪些？

（1）产品焊接试件应当在筒节纵向焊缝的延长部位与筒节同时施焊（球形压力容器和锻焊压力容器除外）；

（2）试件的原材料必须合格，并且与压力容器用材具有相同标准、相同牌号、相同厚度和相同热处理状态；

（3）时间应当由施焊该压力容器的焊工采用与施焊压力容器相同的条件与焊接工艺施焊，有热处理要求的压力容器，试件一般应当随压力容器一起热处理，否则应当采取措施保证试件按照与压力容器相同的工艺进行热处理；

（4）每台压力容器制备产品焊接试件的数量，由制造单位根据压力容器的材料、厚度、结构与焊接工艺，按照设计图样引用的标准确定。

51. 需要制备压力容器母材热处理时间的条件有哪些？

（1）当要求材料的使用热处理状态与供货热处理状态一致时，在制造过程中若破坏了供货的热处理状态，需要重新进行热处理的；

（2）在制造过程中，需要经过热处理改善材料力学性能的。

52. 压力容器无损检测中的超声检测有哪几种方法？

压力容器的超声检测包括衍射时差法超声检测（TOFD）、可记录的脉冲反射法超声检查和不可记录的脉冲反射法超声检测。

53. 有色金属制压力容器对接接头应当优先采用哪种无损检测法？

有色金属制压力容器对接接头应当优先采用 X 射线检测。

54. 铁磁性材料制压力容器焊接接头的表面检测应当优先采用哪种无损检测法？

铁磁性材料制压力容器焊接接头的表面检测应当优先采用磁粉检测。

55. 进行液压试验的压力容器，符合哪些条件为合格？

（1）无渗漏；

（2）无可见的变形；

（3）试验过程中无异常的响声。

56. 什么是压力容器的改造？

压力容器的改造是指改变主要受压元件的结构或者改变压力容器运行参数、盛装介质、用途等。

57. 什么是压力容器的重大维修？

压力容器的重大维修是指主要受压元件的更换、矫形、挖补等。

58. 压力容器在进行耐压试验前的准备工作有哪些？

（1）耐压试验前，压力容器各连接部位的紧固螺栓，应当装配齐全，紧固妥当；

（2）试验至少采用两个量程相同并且经过校验的压力表，试验用压力表应当安装在被试验压力容器顶部便于观察的位置；

（3）耐压试验时，压力容器上焊接的临时受压元件，应当采取适当的措施，保证其强度和安全性；

（4）耐压试验场地应当有可靠的安全防护措施，并且经过单位技术负责人和安全管理部门检查认可。

59. 压力容器耐压试验的通用要求有哪些？

（1）保压期间不得采用连续加压来维持试验压力不变，耐压试验过程中不得带压紧固螺栓或者向受压元件施压外力；

（2）耐压试验过程中，不得进行与试验无关的工作，无关人员不得在实验现场停留；

（3）压力容器进行耐压试验时，监检人员应当到现场进行监督检查；

（4）耐压试验后，由于焊接接头或者接管泄漏而进行返修的，或者返修深度大于二分之一厚度的压力容器，应当重新进行耐压试验。

60. 压力容器的气压试验合格要求是什么？

气压试验过程中，压力容器无异常响声，经过肥皂液或者其他检漏液检查无漏气，无可见的变形即为合格。

61. 钛制压力容器应当符合哪些要求？

（1）焊后对所有焊接接头在焊接完工原始状态进行表面颜色检验，并且按照引用标准判断是否合格，对表面颜色不合格的焊接接头，按照引用标准的要求进行处理；

（2）钛制封头宜采用热成形，热成形时按照引用标准的要求采取必要的防护措施防止表面氧化污染，冷成形的钛制封头，成形后宜采用热校形。

62. 有色金属制压力容器的坡口加工应当符合哪些要求？

（1）铝、钛制压力容器坡口表面不得有裂纹、分层、夹杂及影响焊接质量的其他缺陷；

（2）铜、镍制压力容器坡口表面不得有分层、折叠、裂纹、撕裂等缺陷。

63. 压力容器钢材坡口表面要求有哪些？

（1）坡口表面不得有裂纹、分层、夹杂等缺陷；

（2）标准抗拉强度下限值 R_m>540MPa 的钢材及 Cr-Mo 低合金钢材经火焰切割的坡口表面，应用砂轮打磨平滑，并应对加工表面进行磁粉或渗透检测。

64. 铝材压力容器坡口表面有哪些要求？

（1）一般应采用机械方法加工坡口，厚度较大时也允许采用等离子、电弧或其他不会损伤铝材性能和影响焊接质量的切割方法。坡口采用热切割法制备后需采用机械方法去除氧化层。

（2）坡口表面不应有裂纹、分层、夹杂及影响焊接质量的其他缺陷。

65. 钛材压力容器坡口表面有哪些要求？

（1）在钛材上划线应尽量采用金属铅笔，只有在以后加工中能去除的部分才允许打冲眼。钛钢复合板应在基层钢板上划线；

（2）一般应采取机械方法加工坡口，厚度较大时也允许采用火焰切割、等离子切割。当采用热切割加工坡口时，应避免火花溅落在钛材表面，切割后需采用机械方法去除污染层。钛钢复合板在用机械切割时应将钢基层朝下，注意防止分层。

66. 铜材、镍及镍合金压力容器坡口表面有哪些要求？

(1) 一般应采用机械加工或水下等离子、超高压水切割等方法加工坡口。当采用热切割时，切割后需采用机械方法去除污染层；

(2) 坡口表面不应有分层、折叠、裂纹、撕裂等缺陷。

67. 先拼板后成形的压力容器封头，拼板的对口错边量有何要求？

先拼板后成形的封头，拼板的对口错边量 b（见图 4-4）不应大于材料厚度 δ_s 的 10%，且不大于 1.5mm。

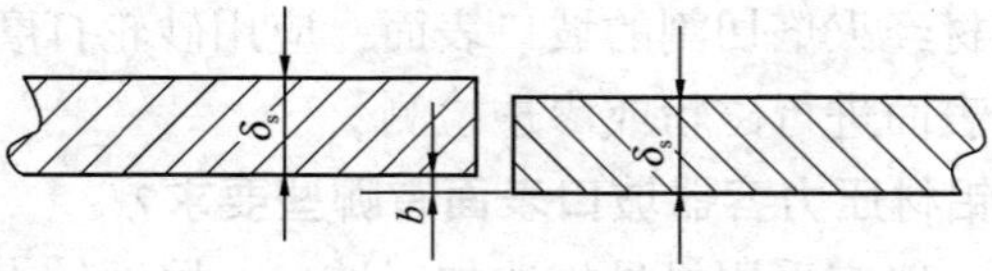

图 4-4　拼板对口错边量

68. 先拼板后成形的压力容器封头，拼接复合板的对口错边量有何要求？

先拼板后成形的封头，拼接复合板的对口错边量 b（见图 4-5）不得大于覆层厚度的 30%，且不大于 1.0mm。

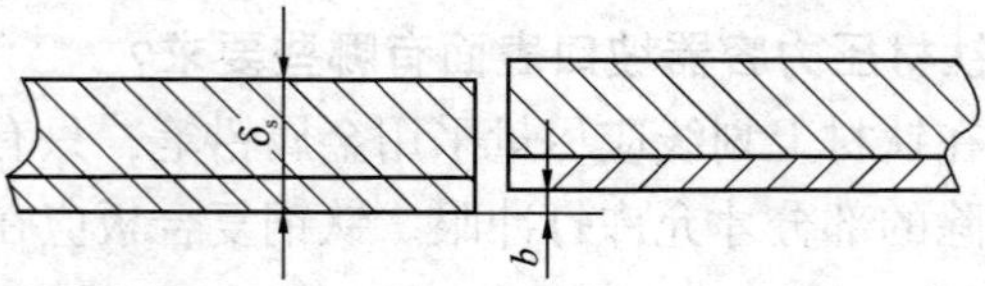

图 4-5　拼接复合钢板对口错边量

69. 在对钛制压力容器封头所有焊接接头在焊接完工原始状态的表面颜色进行检验时，判断其是否合格与进行处理的规定是什么？

钛封头焊缝和热影响区表面颜色的规定如表 4-4。

表 4-4　钛封头焊缝和热影响区表面颜色的规定

焊接接头表面颜色	氩气保护情况	合格判断	处理方法
银白色	良好	合格	不用其他处理
金黄色(致密)	尚好	合格	可不用处理
蓝色	稍差	不合格	去除蓝色
紫色	较差	不合格	去除紫色，去不掉处应返修
灰色或暗灰色	差	不合格	返修
灰白色	很差	不合格	返修
黄色粉状物	极差	不合格	返修

70. 压力容器封头的成形方法有哪些?

依据封头的类型、规格、材质，可采用整版或拼板经冷冲压、热冲压、冷旋压、热旋压、冷卷、热卷等方法成形，也可分瓣成形后再组焊成封头。

71. 压力容器钛封头的热成形可分为哪两种?

钛封头的热成形分为低温热成形(工件加热温度约为300~400℃)和高温热成形(工件加热温度可提高到约650℃，但不应超过800℃)，冷成形后的热校形温度可为100~350℃。

72. 以外圆周长为对接基准的压力容器封头切边成形后，其外圆周长公差及内直径公差均是多少?

封头成形后外圆周长公差或内直径公差见表4-5。

表 4-5　封头成形后外圆周长公差式内直径公差　mm

公称直径 DN	钢材厚度 δ_s	外圆周长公差	内直径公差
$300 \leq DN < 600$	$2 \leq \delta_s < 4$	$-4 \sim +4$	$-1.5 \sim +1.5$
	$4 \leq \delta_s < 6$	$-6 \sim +6$	$-2 \sim +2$
	$6 \leq \delta_s < 16$	$-9 \sim +9$	$-3 \sim +3$
	$16 \leq \delta_s \leq 22$	$-12 \sim +12$	$-4 \sim +4$
$600 \leq DN < 1000$	$4 \leq \delta_s < 6$	$-6 \sim +6$	$-2 \sim +2$
	$6 \leq \delta_s < 10$	$-9 \sim +9$	$-3 \sim +3$
	$10 \leq \delta_s < 22$	$-9 \sim +12$	$-3 \sim +4$
	$22 \leq \delta_s \leq 40$	$-12 \sim +18$	$-5 \sim +6$
$1000 \leq DN < 1600$	$6 \leq \delta_s < 10$	$-9 \sim +9$	$-3 \sim +3$
	$10 \leq \delta_s < 22$	$-9 \sim +12$	$-3 \sim +4$
	$22 \leq \delta_s < 40$	$-12 \sim +18$	$-4 \sim +6$
	$40 \leq \delta_s \leq 60$	$-15 \sim +18$	$-5 \sim +6$
$1600 \leq DN < 3000$	$6 \leq \delta_s < 10$	$-9 \sim +9$	$-3 \sim +3$
	$10 \leq \delta_s < 22$	$-9 \sim +12$	$-3 \sim +4$
	$22 \leq \delta_s \leq 60$	$-15 \sim +18$	$-5 \sim +6$
$3000 \leq DN < 4000$	$10 \leq \delta_s < 22$	$-9 \sim +12$	$-3 \sim +4$
	$22 \leq \delta_s \leq 60$	$-15 \sim +18$	$-5 \sim +6$
$4000 \leq DN < 5000$	$12 \leq \delta_s < 22$	$-9 \sim +12$	$-3 \sim +4$
	$22 \leq \delta_s \leq 60$	$-15 \sim +18$	$-5 \sim +6$
$5000 \leq DN \leq 6000$	$16 \leq \delta_s \leq 60$	$-15 \sim +18$	$-5 \sim +6$

73. 半球形、椭圆形、碟形、球冠形压力容器封头内表面的形状公差应符合哪些条件?

样板与封头内表面间的最大间隙；外凸不得大于 $1.25\%D_i$；内凹不得大于 $0.625\%D_i$。

74. 分瓣成形后组焊的压力容器封头，其顶圆板与瓣片的形状、尺寸应符合哪些要求？

（1）半球形、球冠形封头的顶圆板与瓣片形状尺寸要求应符合 GB 12337 的相关规定。

（2）其他型式的封头的顶圆板与瓣片形状尺寸要求有供需双方约定；

（3）瓣片表面不允许存在裂纹、气泡、结疤、折叠和夹杂等缺陷，也不得有分层；

（4）分瓣组焊的要求：

① 组焊的错边量 b：对于钢制压力容器，不得大于其相应压力容器建造规范对 A 类焊接接头的错边量要求；对于铝、钛、镍及镍合金制压力容器，不得大于其相应标准对 B 类焊接接头的错边量要求；拼接复合钢板的对口错边量 b 不应大于覆层厚度的 30%，且大不于 1. 0mm。

② 组焊后焊接接头棱角 E：用弦长等于 $1/6D_i$，且不小于 300mm 内样板或外样板检查，其 E 值不得大于 $\left(\frac{\delta_s}{10}+2\right)$mm，且不大于 4mm，检查时应使焊接接头在其样板中间部位。

③ 分瓣成形的封头可由封头制造厂组焊，也可由具有相应资格的单位完成组焊，组焊厚封头形状、尺寸等要求，由供需双方在订货技术协议中确定。

75. 压力容器封头成形后符合哪些条件时，可低于相邻母材表面？

（1）焊缝部位实测的最小厚度 δ'_{min} 不小于设计要求的最小成形厚度 δ_{min}；

（2）焊缝表面不得低于母材表面 0. 5mm。

76. 铝镁合金及铝镁硅合金制椭圆形、碟形、锥形压力容器封头，冷成形后符合什么条件时应进行热处理？

铝封头冷成形后进行热处理的条件见表4-6。

表4-6　铝封头冷成形后进行热处理的条件

封头名称	封头类型代号	封头名义厚度
椭圆形封头	EHA、EHB	≥1.2%DN
碟形封头	THA、THB	≥0.7%DN
锥形封头	CHA(45)	≥1%DN
	CHA(60)	≥0.7%DN

77. 钛制椭圆形、碟形、锥形压力容器封头，冷成形(指成形温度低于300℃)后符合什么条件时应进行退火处理的？

钛制封头冷形后进行热处理的条件见表4-7。

表4-7　钛制封头冷成形后进行热处理的条件

封头名称	封头类型代号	封头名义厚度	
		TA1、TA2、TA9	TA3、TA10
椭圆形封头	EHA、EHB	≥1.2%DN	≥0.85%DN
碟形封头	THA、THB	≥0.7%DN	≥0.5%DN
锥形封头	CHA(45)	≥1%DN	≥0.7%DN
	CHA(60)	≥0.7%DN	≥0.5%DN

78. 黄铜(H96除外)制椭圆形、碟形、锥形压力容器封头，冷成形后符合什么条件时应进行消除应力退火处理的？

黄铜制封头冷成形后进行热处理的条件见表4-8。

表 4-8　黄铜制封头冷成形后进行热处理的条件

封头名称	封头类型代号	封头名义厚度
椭圆形封头	EHA、EHB	≥1.2%DN
碟形封头	THA、THB	≥0.7%DN
锥形封头	CHA(45)	≥1%DN
	CHA(60)	≥0.7%DN

79. 为防止钢制球罐元件由于腐蚀、机械磨损而导致厚度削弱减薄，应考虑腐蚀裕量，其具体规定有哪些？

(1) 对有磨损或腐蚀的元件，应根据预期的球罐寿命和物料对金属材料的腐蚀速率确定腐蚀裕量；

(2) 球罐各元件受到的腐蚀程度不同时，可采用不同的腐蚀裕量；

(3) 腐蚀欲量取不小于 1mm。

80. 盛装哪些物料的钢制球罐应进行气密性试验？

(1) 毒性程度为极度或高度危害的物料；

(2) 易燃的压缩气体或液化气体。

81. 符合哪些条件的钢制球罐用钢板，应在正火状态下使用？

(1) 球壳用钢板，厚度大于 30mm 的 20R 和厚度大于 16mm 的 15MnVR；任意厚度的 15MnVNR；

(2) 其他受压元件(法兰、平盖等)用厚度大于 50mm 的 20R 和 16MnR。

82. 符合哪些条件的球壳用钢板，应逐张进行拉伸和夏比(V 形缺口)常温或低温冲击试验？

(1) 调质状态供货的钢板；

(2) 厚度大于 60mm 的钢板。

83. 符合哪些条件的球壳用钢板，应逐张进行超声检测？

（1）厚度大于 30mm 的 20R 和 16MnR；

（2）厚度大于 25mm 的 15MnVR 和 15MnVNR；

（3）厚度大于 20mm 的 16MnDR 和 09Mn2VDR；

（4）调质状态供货的钢板；

（5）上下极板和与支柱连接的赤道板。

84. 钢制球罐的设计温度低于或等于-20℃ 时，球罐用钢板的使用状态及最低冲击试验温度应符合哪些规定？

球罐用钢板的使用状态及最低冲击试验温度应符合表 4-9 的规定。

表 4-9 球罐用钢板的使用状态及最低冲击试验温度

钢　号	使用状态	厚度/mm	最低冲击试验温度/℃
16MnR	热轧	6~25	-20
	正火	6~120	
07MnCrMoVR	调质	16~50	-20
16MnDR	正火	6~36	-40
		>36~100	-30
07MnNiCrMoVDR	调质	16~50	-40
09Mn2VDR	正火，正火加回火	6~36	-50

85. 当钢制球罐的设计温度低于或等于-20℃时，球罐用钢管的使用状态及最低冲击试验温度应符合什么规定？

球罐用钢管的使用状态及最低冲击试验温度应符合表 4-10 的规定。

表 4-10 球罐用钢管的使用状态及最低冲击试验温度

钢号	使用状态	壁厚/mm	最低冲击试验温度/℃
10	正火	≤16	-30
20G	正火	≤16	-20
16Mn	正火	≤20	-40
09MnD	正火	≤16	-50

86. 钢制球罐的球壳由各带及上、下极组成，其结构如何？

球罐的结构如图 4-6 所示。

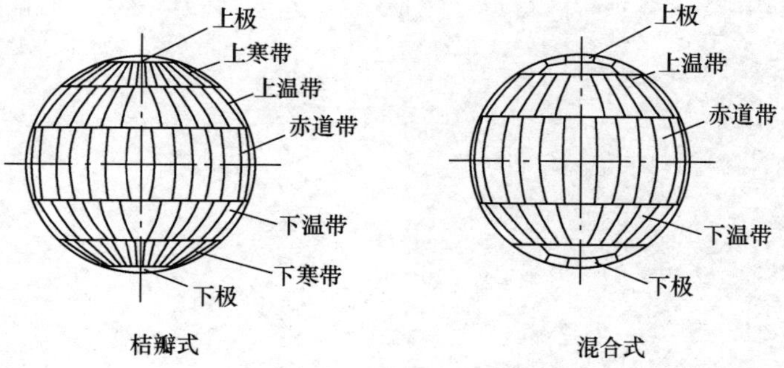

图 4-6 球罐的结构

87. 钢制球形储罐的人孔、接管与极板的组焊应在制造单位进行，焊后应符合哪些要求？

（1）人孔、接管开孔位置及外伸高度的允许偏差不大于 5mm；

（2）开孔球壳板周边 100mm 范围内及开孔中心一倍开孔直径范围外用弦长不小于 1000mm 的样板检查极板曲率，最大间隙不得大于 3mm。

88. 若球罐不进行焊后整体热处理，制造单位应对哪些组焊进行消除应力热处理？

（1）与人孔、接管焊接的极板；

（2）当赤道板厚度大于 20mm，且支柱与赤道板连接焊缝的焊脚大于 12mm 时，与支柱焊接的赤道板。

五、管理方面

1. 压力容器操作规程应包含哪些内容？

压力容器的使用单位，应当在工艺规程和岗位操作规程中，明确提出压力容器安全操作要求。操作规程至少包括以下内容：

(1) 容器的操作工艺控制指标，包括最高工作压力、最高或最低工作温度、压力及温度波动幅度的控制值、介质成分特别是有腐蚀性的成分控制值等。

(2) 压力容器的岗位操作方法，开、停机的操作程序和注意事项。

(3) 压力容器运行中日常检查的部位和内容要求。

(4) 压力容器运行中可能出现的异常现象的判断和处理方法以及防范措施。

(5) 压力容器的防腐措施和停用时的维护保养方法。

2. 压力容器操作人员应履行哪些职责？

(1) 按照安全操作规程的规定，正确操作使用压力容器。

(2) 认真填写操作记录。

(3) 做好压力容器的维护保养工作，使压力容器经常保持良好的技术状态。

(4) 经常对压力容器的运行情况进行检查，发现操作条件不正常时及时进行调整，遇紧急情况应按规定采取紧急处理措施并及时向上级报告。

(5) 对任何有害压力容器安全运行的违章指挥，应拒绝执行。

(6) 努力学习业务知识，不断提高操作技能。

3. 压力容器的技术档案包括哪些内容？

压力容器的使用单位，必须建立压力容器技术档案并由管理部门统一保管。技术档案的内容应包括：

(1) 压力容器档案卡。

(2)安全技术规范规定的压力容器设计文件。

(3)安全技术规范规定的压力容器制造、安装技术文件和资料。

(4)检验、检测记录，以及有关检验的技术文件和资料。

(5)修理方案，实际修理情况记录，以及有关技术文件和资料。

(6)压力容器技术改造的方案、图样、材料质量证明书、施工质量检验技术文件和资料。

(7)安全附件校验、修理和更换记录。

(8)有关事故的记录资料和处理报告。

4. 哪些压力容器在安装前，需要安装单位或使用单位向压力容器使用登记所在地的安全监察机构申报、办理报装手续？

(1) 第三类压力容器。

(2) 容积大于等于 $10m^3$ 的压力容器。

(3) 蒸球。

(4) 成套生产装置中同时安装的各类压力容器。

(5) 液化石油气储存容器。

(6) 医用氧舱。

5. 压力容器使用单位的安全管理工作包括哪些？

（1）贯彻执行本规程和有关的压力容器安全技术规范、规章。

（2）制定压力容器的安全管理规章制度。

（3）参加压力容器订购、设备进厂、安装验收及试车。

（4）检查压力容器的运行、维修和安全附件校验情况。

（5）压力容器的检验、修理、改造和报废等技术审查。

（6）编制压力容器的年度定期检验计划，并负责组织实施。

（7）向主管部门和当地安全监察机构报送当年压力容器数量和变动情况的统计报表，压力容器定期检验计划的实施情况，存在的主要问题及处理情况等。

（8）压力容器事故的抢救、报告、协助调查和善后处理。

（9）检验、焊接和操作人员的安全技术培训管理。

（10）压力容器使用登记及技术资料的管理。

6. 压力容器安全管理情况检查的主要内容包括哪些？

（1）压力容器的安全管理规章制度和安全操作规程，运行记录是否齐全、真实，查阅压力容器台账（或者账册）与实际是否相符；

（2）压力容器图样、使用登记证、产品质量证明书、使用说明书、监督检验证书、历年检验报告以及维修、改造资料等建档资料是否齐全并且符合要求；

（3）压力容器作业人员是否持证上岗；

（4）上次检验、检查报告中所提出的问题是否解决。

7. 压力容器本体及运行状况的检查主要包括哪些内容？

（1）压力容器的铭牌、漆色、标志及喷涂的使用证号码是否符合有关规定；

(2) 压力容器的本体、接口(阀门、管路)部位、焊接接头等是否有裂纹、过热、变形、泄漏、损伤等；

(3) 外表面有无腐蚀，有无异常结霜、结露等；

(4) 保温层有无破损、脱落、潮湿、跑冷；

(5) 检漏孔、信号孔有无漏液、漏气，检漏孔是否畅通；

(6) 压力容器与相邻管道或者构件有无异常振动、响声或者相互摩擦；

(7) 支承或者支座有无损坏，基础有无下沉、倾斜、开裂、紧固螺栓是否齐全、完好；

(8) 排放(疏水、排污)装置是否完好；

(9) 运行期间是否有超压、超温、超量等现象；

(10) 罐体有接地装置的，检查接地装置是否符合要求；

(11) 安全状况等级为 4 级的压力容器的监控措施执行情况和有无异常情况；

(12) 快开门式压力容器安全联锁装置是否符合要求。

8. 压力容器发生哪些异常现象之一，操作人员应当立即采取紧急措施，并且按照规定的报告程序，及时向有关部门报告？

(1) 工作压力、介质温度或者壁温超过规定值，采取措施仍不能得到有效控制的；

(2) 主要受压元件发生裂缝、鼓包、变形、泄漏、衬里层失效等危及安全的现象；

(3) 安全附件失灵、损坏等不能起到安全保护的情况；

(4) 接管、紧固件损坏，难以保证安全运行；

(5) 发生火灾等直接威胁到压力容器安全运行；

(6) 过量充装；

(7) 液位异常，采取措施仍不能得到有效控制；

(8) 压力容器与管道发生严重振动，危及安全运行；

(9) 真空绝热压力容器外壁局部存在严重结冰、介质压力和温度明显上升；

(10)其他异常情况。

六、检验方面

1. 压力容器检验环节主要执行哪些标准？

检验环节的安全管理主要执行《特种设备安全监察条例》、《压力容器安全技术监察规程》、TSG R0002—2005《超高压容器安全技术监察规程》、《液化气体汽车罐车安全监察规程》、《液化气体铁路罐车安全管理规程》、《医用氧舱安全管理规定》、TSG R0001—2004《非金属压力容器安全技术监察规程》和《压力容器定期检验规则》。

2. 进出口压力容器检验涉及哪些标准？

（1）法规性的规定。这类检验标准是国家颁布的，具有强制性的，是压力容器设计、制造、安装、运行和管理上必须遵守的规定、规程或规范。在我国有《锅炉压力容器安全监察暂行条例》、《压力容器安全监察规程》、《钢制石油化工压力容器的设计规定》以及《锅炉压力容器焊工考试规则》、《锅炉压力容器无损检测人员资格考核规则》等。

（2）具体的技术性规定。与压力容器检验有关的技术性标准较多。这类标准包括：材料标准、材料试验标准、材料验收标准、零部件标准、产品标准、工艺标准、工艺质量检测标准等。在我国这类标准，有国标（GB）、行标（JB、SH、YB）以及企业标准。

（3）合同规定的标准。鉴于压力容器的特殊性，我国政府规定：进出口压力容器的质量，特别是安全性能，不能低于我国现行标准的规定。因此，签约双方在进行技术谈判和签约时，对于低于我国标准内容予以注意，避免因不符合我国标准而无法使用。

3. 压力容器安全附件的设计制造，应符合什么标准的规定？

应符合相应国家标准、行业标准的规定。

4. 压力容器年度检查内容包括哪些？

压力容器年度检查至少包括压力容器安全管理情况检查、压力容器本体及运行状况检查和压力容器安全附件检查等，对年度检查中发现的压力容器安全隐患要及时消除。

5. 压力容器年度检查方法包括哪些？

检查方法以宏观检查为主，必要时进行测厚、壁温检查和腐蚀介质含量测定、真空度测试等。

由于年度检查仅是在线检验，不可能对压力容器的安全性做出全面的判断，也难以对压力容器的安全状况进行定级，因此，《容检规》第十三条(一) 至(三) 的规定如下：

(1) 查阅压力容器的安全管理规章制度和安全操作规程，运行记录是否齐全、真实，查阅压力容器台帐(或账册)与实际是否相符；

(2) 压力容器图样、使用登记证、产品质量证明书、使用说明书、监检证书、历年检验报告以及修理、改造资料等建档资料是否齐全并符合要求；

(3) 压力容器操作人员是否持证上岗。

6. 压力容器年度检查前，使用单位应当做好哪些准备工作？

(1) 压力容器外表面和环境的清理；

(2) 根据现场检查的需要，做好现场照明、登高防护、局部拆除保温层等配合工作，必要时配备合格的防噪声、防尘、防有毒有害气体等防护用品；

(3) 准备好压力容器技术档案资料、运行记录、使用介质中有害杂质记录；

(4) 准备好压力容器安全管理规章制度和安全操作规范，操作人员的资格证；

(5) 检查时，使用单位压力容器管理人员和相关人员到场配合，协助检查工作，及时提供检查人员需要的其他资料。

7. 压力容器年度检查工作完成后，检验结论有哪几种？

在《压力容器定期检验规则》中规定检验结论共分4种：

(1) 允许运行；(2) 监督运行；(3) 暂停运行；(4) 停止运行。

8. 压力容器定期检验方法有哪些？

压力容器定期检验的方法以宏观检查、壁厚测定、表面无损检测为主，必要时可以采用超声检测、射线检测、硬度测定、金相检验、材料分析、涡流检测、强度校核或者应力测定、耐压试验、声发射检测、气密性试验等。

9. 压力容器的定期检验分为哪几种？检验周期怎么确定？

定期检验分为：外部检查、内外部检验和耐压试验。

定期检验周期应根据压力容器的技术状况和使用条件确定，一般情况下规定：

(1) 外部检查。每年至少一次；

(2) 内外部检验。安全状况等级为1、2级的，每6年至少一次；安全状况等级为3级的，每3年至少一次

(3) 耐压试验。每10年至少进行一次(应在内外部检验

后进行）。

10. 压力容器全面检验包括哪些项目？

压力容器（不包括移动式压力容器和医用氧舱）全面检验的具体项目包括：宏观（外观、结构以及几何尺寸）、保温层隔热层衬里、壁厚、表面缺陷、埋藏缺陷、材质、紧固件、强度、安全附件、气密性以及其他必要的项目。

11. 压力容器全面检验前应当审查哪些资料？

（1）设计单位资格、设计、安装、使用说明书、设计图样，强度计算书等；

（2）制造单位资格，制造日期，产品合格证，质量证明书（对低温度液体（绝热）压力容器，还包括封口真空度、真空夹层泄漏率检验结果、静态蒸发率指标等），竣工图等；

（3）大型压力容器现场组装单位资格，安装日期，竣工验收文件；

（4）制造、安装监督检验证书，进口压力容器安全性能监督检验报告；

（5）使用登记证；

（6）运行周期内的年度检查报告；

（7）历次全面检验报告；

（8）运行记录、开停车记录、操作条件变化情况以及运行中出现异常情况的记录等；

（9）有关维修或者改造的文件，重大改造维修方案，告知文件，竣工资料，改造、维修监督检验证书等。

12. 压力容器全面检验前，使用单位做好哪些准备工作？

检验前现场应当具备以下条件：

（1）影响全面检验的附属部件或者其他物件，应当按检验要求进行清理或者拆除；

（2）为检验而搭设的脚手架、轻便梯等设施必须安全牢固(对离地面3m以上的脚手架设置安全护栏)；

（3）需要进行检验的表面，特别是腐蚀部位和可能产生裂纹性缺陷的部位，必须彻底清理干净，母材表面应当露出金属本体，进行磁粉、渗透检测的有面应当露出金属光泽；

（4）被检容器内部介质必须排放、清理干净，用盲板从被检容器的第一道法兰处隔断所有液体、气体或者蒸汽的来源，同时设置明显的隔离标志。禁止用关闭阀门代替盲板隔断；

（5）盛装易燃、助燃、毒性或者窒息性介质的，使用单位必须进行置换、中和、消毒、清洗，取样分析，分析结果必须达到有关规范、标准的规定。取样分析的间隔时间，应当在使用单位的有关制度中做出规定。盛装易燃介质的，严禁用空气置换；

（6）人孔和检查孔打开后，必须清除所有可能滞留的易燃、有毒、有害气体。压力容器内部空间的气体含氧量应当在18%~23%(体积比)之间。必要时，还应当配备通风、安全救护等设施；

（7）高温或者低温条件下运行的压力容器，按照操作规程的要求缓慢地降温或者升温，使之达到可以进行检验工作的程度，防止造成伤害；

（8）能够转动的或者其中有可动部件的压力容器，应当锁住开关，固定牢靠。移动式压力容器检验时，应当采取措施防止移动；

（9）切断与压力容器有关的电源，设置明显的安全标志。检验照明用电不超过24V，引入容器内的电缆应当绝缘良好，接地可靠；

(10)如果需现场射线检测时，应当隔离出透照区，设置警示标志；

(11)全面检验时，应当有专人监护，并且有可靠的联络措施；

(12)检验时，使用单位压力容器管理人员和相关人员到场配合，协助检验工作，负责安全监护。

13. 压力容器的全面检验周期在哪种条件下应当适当缩短?

有以下情况之一的压力容器，全面检验周期应当适当缩短：

(1) 介质对压力容器材料的腐蚀情况不明或者介质对材料的腐蚀速率大于0.25mm/a，以及设计者所确定的腐蚀数据与实际不符的；

(2) 材料表面质量差或者内部有缺陷的；

(3) 使用条件恶劣或者使用中发现应力腐蚀现象的；

(4) 使用超过20年，经过技术鉴定或者由检验人员确认按正常检验周期不能保证安全使用的；

(5) 停止使用时间超过2年的；

(6) 改变使用介质并且可能造成腐蚀现象恶化的；

(7) 设计图样注明无法进行耐压试验的；

(8) 检验中对其他影响安全的因素有怀疑的；

(9) 介质为液化石油气且有应力腐蚀现象的，每年或根据需要进行全面检验；

(10)采用“亚铵法”造纸工艺，且无防腐措施的蒸球根据需要每年至少进行一次全面检验；

(11)球形储罐(使用标准抗拉强度下限$\sigma_b \geq 540MPa$材

料制造的，投用一年后应当开罐检验)；

(12)搪玻璃设备。

14. 安全状况等级为1、2级的压力容器在哪种情况下，内外部检验周期可以适当延长？

有下列情况之一时，可以适当延长

(1) 非金属衬里层完好的，其检验周期可以延长，但不超过9年。

(2) 介质对材料腐蚀速率低于0.1mm/a(实测数据)、有可靠的耐腐蚀金属衬里(复合钢板)或热喷涂金属(铝粉或不锈钢粉)涂层的压力容器，通过一至二次内外部检验确认腐蚀轻微或衬里完好的，检验周期可延长，但不超过12年。

(3) 装有触媒的反应容器以及装有充填物的大型压力容器，其检验周期根据设计图样和实际使用情况由使用单位、设计单位和检验单位协商确定，报当地安全监察机构备案。

15. 压力容器外部检查包括哪些内容？

压力容器外部检查亦称运行中检查 检查的主要内容有：

(1) 压力容器外表面有无裂纹、变形、泄漏、局部过热等不正常现象；

(2) 安全附件是否齐全、灵敏、可靠；紧固螺栓是否完好、全部旋紧；

(3) 基础有无下沉、倾斜以及防腐层有无损坏等异常现象。

外部检查既是检验人员的工作，也是操作人员日常巡回检查项目。发现危及安全现象(如受压元件产生裂纹、变形、严重泄渗等)应予停车并及时报告有关人员。

16. 压力容器内外部检验包括哪些内容？

压力容器内外部检验必须在停车和容器内部清洗干净后

才能进行。检验的主要内容除包括外部检查的全部内容外，还要检验内外表面的腐蚀磨损现象；用肉眼和放大镜对所有焊缝、封头过渡区及其他应力集中部位检查有无裂纹，必要时采用超声波或射线探伤检查焊缝内部质量；测量壁厚。若测得壁厚小于容器最小壁厚时，应重新进行强度校核，提出降压使用或修理措施；对可能引起金属材料的金相组织变化的容器，必要时应进行金相检验；高压、超高压容器的主要螺栓应利用磁粉或着色进行有无裂纹的检查等。通过内外部检验，对检验出的缺陷要分析原因并提出处理意见。修理后要进行复验。压力容器内外部检验周期为每三年一次，但对强烈腐蚀性介质、剧毒介质的容器检验周期应予缩短。运行中发现有严重缺陷的容器和焊接质量差、材质对介质抗腐蚀能力不明的容器也均应缩短检验周期。

17. 耐压试验是如何定义的?

耐压试验是指压力容器全面检验合格后，所进行的超过最高工作压力的液压试验或气压试验。每两次全面检验期间内，原则上至少进行一次耐压试验。

18. 压力容器的试验分为哪两种?

压力容器的试验分为耐压试验和气密性试验。

19. 在哪种情况下，压力容器定期检验应当进行耐压试验?

有下列情况之一的压力容器，定期检验时应进行

(1) 用焊接方法更换主要受压元件的；

(2) 主要受压元件补焊深度大于二分之一厚度的；

(3) 改变使用条件，超过原设计参数并且经过强度校核合格的；

(4) 需要更换衬里的(耐压试验在更换衬里前进行)；

（5）停止使用2年后重新复用的；

（6）从外单位移装或者本单位移装的；

（7）使用单位或者检验机构对压力容器的安全状况有怀疑，认为应当进行耐压试验的。

20. 压力容器液压试验的合格条件是如何规定的？

液压试验的合格条件是：无渗漏、无可见的变形、实验过程中无异常的响声、标准抗拉强度下限 $\sigma_b \geqslant 540\text{MPa}$ 的钢制压力容器，试验后经表面无损检测未发现裂纹。

21. 当压力容器全面检验、耐压试验和年度检查在同一年度进行时，检验如何进行？

应当依次进行全面检验、耐压试验和年度检查，其中全面检验已经进行的项目，年度检查时不再重复进行。

22. 压力容器检验记录有何要求？

对检验记录规定要求："检验记录应详尽、真实、准确，检验记录记载的信息量不得少于检验报告的信息量"。检验机构执行上述规定时有两点需要注意：

（1）应明确"检验记录记载的信息量不得少于检验报告的信息量"仅是对检验记录信息量的最低要求；

（2）为保证检验记录的可追踪性，各检验机构应制定检验记录的归档办法及保存期，一般来说保存期不应少于下一个检验周期。

23. 按照安全状况等级划分如何确定定检周期？

（1）安全状况等级为1、2级的，一般每6年检验一次；

（2）安全状况等级为3级的，一般每3~6年检验一次；

（3）安全状况等级为4级的，应当监控使用，其检验周期由检验机构确定，累计监控使用时间不超过3年；

（4）安全状况等级为5级的，应当对缺陷进行处理，否则不得继续使用。

24. 压力容器检验的基本要求有哪些？

(1) 外部检查应以宏观检查为主，必要时可以进行测厚、壁温检查和腐蚀介质含量测定等。

(2) 内外部检验应以宏观检查、壁厚测定为主，必要时可采用以下的检验方法：

① 表面探伤；

② 射线探伤；

③ 超声波探伤；

④ 硬度测定；

⑤ 金相检验；

⑥ 应力测定；

⑦ 声发射检测；

⑧ 耐压试验；

⑨ 其他。

25. 在用压力容器检验一般程序有哪些？

一般检验程序分为准备工作和检验工作两个阶段，具体内容如图 6-1 所示。

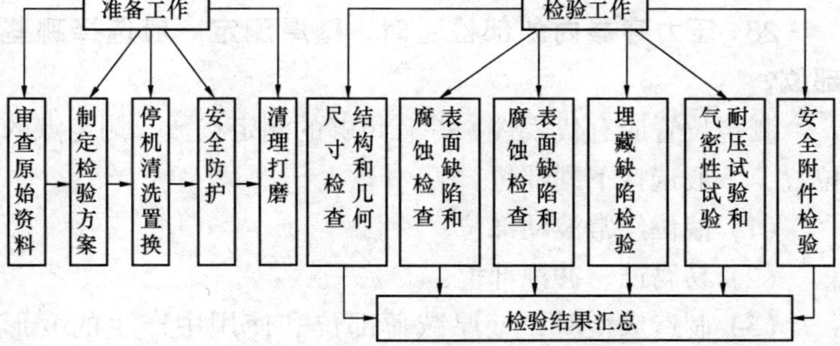

图 6-1　压力容器检验程序

26. 压力容器内外部检验的结构检查项目中，重点检查哪些部位？

（1）筒体与封头的连接；

（2）方形孔、人孔、检查孔及其补强；

（3）角接；

（4）搭接；

（5）布置不合理的焊缝；

（6）封头(端盖)；

（7）支座或支承；

（8）法兰；

（9）排污口。

27. 压力容器检验时，何种情况下应进行不小于焊缝长度 20%的表面探伤检查？

有下列情况之一的：

（1）材料强度级别 σ_b>540MPa 的；

（2）Cr-Mo 钢制的；

（3）有奥氏体不锈钢对焊层的；

（4）介质有应力腐蚀倾向的；

（5）其他有怀疑的焊缝。

28. 压力容器内外部检验时，壁厚测定一般选择哪些部位？

测定位置应有代表性，并有足够的测定点数，测定点的位置，一般选择下列部位：

（1）液位经常波动部位；

（2）易腐蚀、冲蚀部位；

（3）制造成型时，壁厚减薄部位和使用中产生的变形部位；

（4）表面缺陷检查时，发现的可疑部位。

29. 压力容器内外部检验时，哪些情况可不拆除保温层？

保温层是否拆除，应根据使用工况和外部环境条件而定，有下列情况之一者，可不拆除保温层：

（1）制造时对焊缝全部表面已探伤合格；

（2）对有代表性的部位局部抽查，未发现裂纹等缺陷；

（3）壁温在露点以上；

（4）外部环境没有水浸入或跑冷；

（5）外表面有可靠的防腐蚀措施；

（6）有类似使用经验的；

（7）检验员认为没有必要的。

30. 压力容器内外部检验时，紧固件的检查有何要求？

对高压螺栓应逐个清洗，检查其损伤和裂纹情况，必要时应进行表面无损探伤，重点检查螺纹及过渡部位有无环向裂纹。

31. 在焊缝埋藏缺陷检查时，哪些情况应进行射线探伤或超声波探伤抽查？

有下列情况之一时，一般应进行射线探伤或超声波探伤抽查，必要时还应相互复验：

（1）制造中焊缝经过两次以上返修或使用过程中焊缝补焊过的部位；

（2）检验时发现焊缝表面裂纹，认为需要进行焊缝埋藏缺陷检查的；

（3）错边量和棱角度有严重超标的焊缝部位；

（4）使用中出现焊缝泄漏的部位及其两端延长部位；

（5）用户要求或检验员认为有必要的部位。

32. 压力容器内外部检验时，哪些情况下需要进行强度校核？

有下列情况之一，应进行强度校核：

(1) 存在大面积腐蚀；

(2) 强度计算资料不全或强度设计参数与实际情况不符；

(3) 错边量和棱角度有严重超标；

(4) 结构不合理，且已发现严重缺陷；

(5) 校验员对强度有怀疑。

33. 压力容器的强度校核应遵循哪些原则？

(1) 原设计已经明确提出所采用的强度设计标准的，可按该标准进行强度校核(原标准有错误的除外)；

(2) 原设计没有注明所依据的强度设计标准或无强度计算的，原则上可根据用途(如石油、化工、冶金、轻工、制冷等)或类型(如球罐、废热锅炉、搪玻璃设备、换热器、高压容器等)，按当时的有关标准进行校核；

(3) 国外进口的或按国外技术设计的，原则上仍按原设计规范进行强度校核；

(4) 压力容器的材料牌号不明，可按该压力容器同类材料的最低标准值选取；

(5) 焊缝系数应根据焊缝的实际结构形式和检验结果，参照原设计规定选取；

(6) 剩余壁厚按实测的最小值减去到下一个使用周期的两倍腐蚀量，作为强度校核的壁厚；

(7) 强度校核压力，一般取压力容器实际最高工作压力；装有安全装置的，校核用压力不得小于其开启压力(或爆破片爆破压力)；盛装液化气体的，强度校核压力，应取原设计压力；

（8）强度校核时的壁温，取实际最高壁温；低温压力容器，取常温值；

（9）壳体直径按实测最大值选取；

（10）强度校核时，应考虑附加载荷；

（11）由具有设计经验的设计人员或检验员担任，并出具有设计审核水平人员签字的强度校核计算书。

34. 压力容器进行耐压试验应遵循哪些规定？

耐压试验应遵守《压力容器监察规程》、《液化石油气汽车槽车安全管理规定》、《液化气体铁路罐车安全管理规程》的有关规定。

35. 压力容器进行气密性试验应遵循哪些规定？

气密性试验应遵守《压力容器监察规程》、《液化石油气汽车槽车安全管理规定》、《液化气体铁路罐车安全管理规程》的规定，同时还应符合《在用压力容器气密性试验安全规则》的规定。

36. 压力容器气密性试验之前，必须严格做好哪些工作？

（1）试验单位应向压力容器或槽、罐车所在单位的安全部门提出书面申请，并由有关负责人签字确认。现场安全检查应由试验单位现场指挥和所在单位安全部门的代表负责组织实施。

（2）试验场地应划定安全防护区，要有明显的安全标志和可靠的防护设施。

（3）试验用的压力源装置，应安放在安全可靠、便于操作控制的地点。试验用压力表的量程精度与刻度，必须与试验要求匹配，并便于观察和记录。

（4）可拆部件一般应拆卸，各紧固螺栓必须装配齐全，紧固可靠。

（5）采用妥当的方法将内部剩余的介质全部清理干净。

（6）不参与气密性试验的部分或设备，必须用盲板隔断。

（7）压力容器与生产装置一起进行气密性试验的，必须由生产单位先制订试验方案，经单位技术负责人批准方可实施。

（8）置换和清洗应符合《在用压力容器检验规程》的要求。置换、清洗合格后，应认真做好记录，并经单位安全部门负责人签字，方为有效。

37. 压力容器气密性试验升压程序及检查内容有哪些？

（1）首先应使试验系统压力保持平衡；

（2）缓慢通气，达到试验压力的 10%（不小于 1 个表压）应暂停进气，对连接密封部位及焊缝等进行检查，若无泄漏或异常现象可继续升压；

（3）升压应分梯次逐级提高，每级一般可为试验压力的 10%～20%，每级之间应适当保压，以观察有无异常现象；

（4）在升压过程中，严禁工作人员在现场作业或进行检查工作；

（5）在达到试验压力后，首先观察有无异常现象，然后由专人进行检查和记录；

（6）保压时间一般不应小于 10～30min，保压过程中试验压力不得下降。禁止采用连续加压以维持试验压力不变的做法；

（7）试验合格后，出具气密性试验报告书；

（8）试验完毕后，应缓慢将气体排净。

38. 压力容器主要受压元件用材与原设计不符，安全状况等级如何划分？

(1) 如材质清楚，强度校核合格，经检验未查出新生缺陷(不包括正常的均匀腐蚀)，不影响定级；如使用中产生缺陷，并确认是用材不当所致，可定为4级或5级。

(2) 槽、罐车和液化石油气储罐的主要受压元件材质为沸腾钢的定为5级。

39. 压力容器有不合理结构的，其安全状况等级如何划分？

(1) 封头主要参数不符合现行标准，但经检验未查出新生缺陷(不包括正常的均匀腐蚀)，可定为2级或3级；如有缺陷，可根据相应的条款进行安全状况等级评定。

(2) 封头与筒体的连接形式采用单面焊对接结构，且存在未焊透时，槽、罐车定为5级，其他压力容器根据未焊透情况，可定为3级到5级；采用搭接结构的，可定为4级或5级；不等厚度板(锻) 件对接接头，按规定应削薄处理，而未处理的，经检验未查出新生缺陷(不包括正常的均匀腐蚀)，可定为3级，否则定为4级或5级。

(3) 焊缝布置不当(包括采用“十”字焊缝)，或焊缝间距小于规定值，经检验未查出新生缺陷(不包括正常的均匀腐蚀)，可定为3级；如查出新生缺陷，并确认是由于焊缝布置不当引起的，则定为4级或5级。

(4) 按规定应采用全焊透结构的角接焊缝或接管角焊缝，而没有采用全焊透结构的主要受压元件，如未查出新生缺陷(不包括正常的均匀腐蚀)，可定为3级，否则定为4级或5级。

(5) 如开孔位置不当，经检验未查出新生缺陷(不包括正常的均匀腐蚀），对于一般压力容器，可定为2级或3级；对于有特殊要求的压力容器，可定为3级或4级。如孔径超过规定，其计算和补强结构经过特殊考虑的，不影响定级；未作特殊考虑或该补强但补强不够的，可定为4级或5级。

40. 受腐蚀的压力容器，其安全状况等级如何划分？

（1）分散的点腐蚀，如同时符合下列条件的，不影响定级。

① 腐蚀深度不超过壁厚的（扣除腐蚀裕量）1/5；

② 在直径为200mm的范围内，点腐蚀面积不超过$40cm^2$，或沿任一直径点腐蚀长度之和不超过40mm。

（2）均匀腐蚀，如按剩余最小壁厚（扣除到下一次检验期腐蚀量的2倍），校核强度合格，不影响定级；经补焊合格的，可定为2级或3级。

41. 有夹层的压力容器，其安全状况等级是如何划分的？

（1）与自由表面平行的夹层，不影响定级；

（2）与自由表面夹角小于10°的夹层，可定为2级或3级；

（3）与自由表面夹角大于或等于10°的夹层，需计算在板厚方向投影的长度，可定为4级或5级。

七、安全附件

1. 压力容器的安全附件包括哪些？

包括直接连接在压力容器上的安全阀、爆破片装置、紧急切断装置、安全联锁装置、压力表、液位计、测温仪表等。

2. 压力容器安全附件分为哪几类？

按照主要功能分类，压力容器安全附件可以分为三类：

(1) 显示装置，如压力表、温度计、液位计、流量计等。

(2) 控制或控制显示装置，如各种电接点式温度计、电接点式压力表等。

(3) 安全泄放装置，最为常见的是安全阀和爆破片的组合。

3. 安全阀的作用是什么？

安全阀是一种安全泄压装置。当压力容器中的介质压力超过允许值以后，它能够自动开启把过剩的气体或液体排到大气或回收装置，达到容器泄压保护容器的作用。

4. 安全阀的整定压力是多少？

安全阀的整定压力一般不大于设计压力，也可以采用最高允许工作压力为整定压力。

5. 安全阀整定压力(或开启压力)是如何定义的？

安全阀阀瓣在运行条件下开始升起时的进口压力。在该压力下，开始有可测量的开启高度，介质呈可由视觉或听觉感知的连续排出状态。

6. 安全阀密封试验压力是如何定义的？

进行密封试验时的进口压力，在该压力下测量通过关闭密封面的泄漏率。

7. 安全阀排放压力是如何定义的？

阀瓣达到规定开启高度时的进口压力。

8. 安全阀回座压力是如何定义的？

排放后阀瓣重新与阀座接触，即开启高度变为零时的进口压力。

9. 压力容器安全附件的选用有何要求？

(1) 安全附件的设计、制造，应符合相应国家标准、行业标准的规定。使用单位必须选用有制造许可证单位生产的安全附件；出现以下情况之一的，不得使用：

① 无产品合格证和铭牌的；

② 性能不符合要求的；

③ 逾期未检查、未校验的；

④ 爆破片(帽) 超过使用期限的。

(2) 安全阀、爆破片、易熔塞的排放能力必须大于等于压力容器的安全泄放量。

(3) 对易燃、毒性程度为极度、高度或中度危害介质的压力容器，应在安全阀或者爆破片的排出口装设导管，将排放介质引导安全地点，进行妥善处理，不得直接排入大气。

(4) 压力容器设计时，如采用最大允许工作压力作为安全阀、爆破片的调整依据时，应在设计图样上和压力容器铭牌上注明，选用安全附件时首先应察看设计图上的有关要求。

(5) 压力容器的压力表、液位计等应根据介质特性、最高工作压力等条件选择正确的公称压力、材质、型号。

（6）应在设计图纸规定的位置装设安全附件。装设安全阀的管座应有足够的强度以承受泄放时产生的反作用力；装设压力表、温度计等显示型安全附件除了需要安装在正确位置之外，还要便于检查和维修。

10. 压力容器在哪种条件下，必须采用爆破片装置？

符合下列条件之一者，必须采用爆破片装置：

（1）压力快速增长；

（2）对密封有更高要求；

（3）容器内物料会导致安全阀失效；

（4）安全阀不能适用的其他情况。

11. 压力容器的安全附件检验分为哪几种？

分为两种：运行检查、停机检查。

12. 停机时，压力容器安全附件的检查主要包括哪些内容？

主要包括：压力表指针的回零（或回到限止钉处）检查及校验；爆破片的按期更换；安全阀及紧急切断装置的解体检查、维修与调校等。

13. 安全阀的安装有什么要求？

（1）安全阀应当铅直地安装在压力容器液面以上的气相空间部分，或者装设在与压力容器气相相连的管道上；

（2）压力容器与安全阀之间的连接管和管件的通孔，其截面积不得小于安全阀的进口截面积，其接管应尽量短而直；

（3）压力容器一个连接口上装设两个或两个以上的安全阀时，则该连接口入口的截面积，应至少等于这些安全阀的进口截面积总和；

(4) 安全阀与压力容器之间一般不宜装设截止阀门。为实现安全阀的在线校验，可在安全阀与压力容器之间装设爆破片装置。对于盛装毒性程度为极度、高度、中度危害介质，易燃介质，腐蚀、粘性介质或贵重介质的压力容器，为便于安全阀的清洗与更换，经使用单位主管压力容器安全的技术负责人批准，并制定可靠的防范措施，方可在安全阀(爆破片装置)与压力容器之间装设截止阀门。压力容器正常运行期间截止阀必须保证全开(加铅封或锁定)，截止阀的结构和通径应不妨碍安全阀的安全泄放；

(5) 安全阀装设位置，应便于检查和维修。

(6) 新安全阀在安装之前，应根据使用情况进行调试后，才准安装使用。安全附件实行定期检验制度。安全阀一般每年至少应校验一次，拆卸进行校验有困难时应采用现场校验(在线校验)。

(7) 对易燃介质或毒性程度为极度、高度或中度危害介质的压力容器，应在安全阀或爆破片的排出口装设导管，将排放介质引至安全地点，并进行妥善处理，不得直接排入大气。

14. 爆破片有哪几种基本机构?

爆破片结构一般有平板型、普通正拱型、开缝正拱型、反拱型四种基本类型。

15. 安全阀的年度检查，至少包括哪些内容?

(1) 安全阀的选型是否正确；

(2) 校验有效期是否过期；

(3) 对杠杆式安全阀，检查防止重锤自由移动和杠杆越出的装置是否完好，对弹簧式安全阀检查调整螺钉的铅封装置是否完好，对静重式安全阀检查防止重片飞脱的装置是否完好；

(4) 如果安全阀和排放口之间装设了截止阀，检查截止阀是否处于全开位置及铅封是否完好；

(5) 安全阀是否泄漏。

16. 爆破片装置的年度检查，至少包括哪些内容？

(1) 检查爆破片是否超过产品说明书规定的使用期限；

(2) 检查爆破片的安装方向是否正确，核实铭牌上的爆破压力和温度是否符合运行要求；

(3) 爆破片单独作泄压装置的，检查爆破片和容器间的截止阀是否处于全开状态，铅封是否完好；

17. 压力表的年度检查，至少包括哪些内容？

(1) 压力表的选型；

(2) 压力表的定期检修维护制度，检定有效期及其封印；

(3) 压力表外观、精度等级、量程、表盘直径；

(4) 在压力表和压力容器之间装设三通旋塞或者针形阀的位置、开启标记及锁紧装置；

(5) 同一系统上各压力表的读数是否一致。

18. 测温仪表的年度检查，至少包括哪些内容？

(1) 测温仪表的定期检定和检修制度；

(2) 测温仪表的量程与其检测的温度范围的匹配情况；

(3) 测温仪表及其二次仪表的外观。

19. 超压泄放装置的设置有何规定？

(1) 应将超压泄放装置设置在压力容器本体或其附属管线上容易检查、修理的部位。安全阀的阀体处于垂直方向。

(2) 全启式安全阀和反拱型爆破片装置必须装在气向空间。用于液体的安全阀出口管公称直径至少为 15mm。

（3）容器与泄放装置之间一般不得设置中间截止阀。对于连续操作的容器，可在与泄放装置之间设置截止阀专供检修用；该截止阀应具有锁住机构，在容器正常工作期间，截止阀必须处于全开的位置并被锁住。

（4）泄放装置的结构应有足够的强度，能承受该泄放装置泄放时所产生的反力。

20. 容器超压限度及泄放装置的动作压力是如何规定的?

（1）当容器上安装一个泄放装置时，泄放装置的动作压力应不大于设计压力，且该空间的超压限度应不大于设计压力的 10%或 20kPa 中的较大值。

（2）当容器上安装多个泄放装置时，其中一个泄放装置的动作压力不应大于设计压力，其他泄放装置的动作压力可提高，但不得超过设计压力的 4%，该空间的超压限度应不大于设计压力的 12%或 30kPa 中的较大值。

（3）当容器有可能遇到火灾或接近不能预料的外来热源而可能酿成危险时，应安装辅助的泄放装置，以使容器内超压的限度不超过设计压力的 16%。

21. 当泄放有毒或易燃介质，以及不允许由泄放装置直接排放时，应如何装设泄放管?

应按下列规定装设泄放管：

（1）泄放管应尽可能做成垂直管，其口径应不小于泄放装置的出口直径。若有多个泄放装置而采用泄放总管，总管的截面积应不小于各泄放装置泄放管面积之和。

（2）泄放介质是有毒气体时，应在向大气排放之前予以消毒处理，使气体符合排放标准。

（3）易燃气体伴随烟雾同时泄放时，应装设分离器，捕集烟雾之后的易燃性气体，由不会着火处排放到大气中去。

（4）在泄放管的适当部位开设排泄孔，用以放置雨、雪及冷凝液等积聚在泄放管内。

（5）应选用较小阻力的泄放管。若泄放管阻力较大，对泄放装置形成背压时，且在结构设计中已考虑到此背压，则在计算泄放量时应按压差计入。

22. 何种情况下压力容器必须采用爆破片装置？

符合下列条件之一者，必须采用爆破片装置：

（1）压力快速增长；

（2）对密封有更高要求；

（3）容器内物料会导致安全阀失效；

（4）安全阀不能适用的其他情况。

23. 压力容器装有安全阀时，容器的设计压力如何确定？

（1）根据容器的工作压力 p_w，确定安全阀的开启压力 p_z，取 $p_z \leqslant (1.1 \sim 1.05) p_w$；当 $p_z < 0.18\mathrm{MPa}$ 时，可适当提高 p_z 相对于 p_w 的比值；

（2）取容器的设计压力 p 等于或稍大于开启压力 p_z，即 $p \geqslant p_z$。

24. 压力容器装有爆破片装置时，容器的设计压力如何确定？

（1）确定爆破片的最低标定爆破压力 p_{smin}；

（2）选定爆破片的制造范围；

（3）计算爆破片的设计爆破压力 p_b；p_b 等于 p_{smin} 加上所选爆破片制造范围的下限（取绝对值）；

（4）确定容器的设计压力 p；p 不小于 p_b 加上所选爆破片制造范围的上限。

25. 安全阀的运行检查有何要求？

（1）检验人员应注意安全阀锈蚀情况、铅封有无损坏，是否在合格的校验期内。

（2）安全阀与排放口之间装设截止阀的，运行期间必须处于全开位置并加铅封。检验员应对其进行检查，如需动用该阀，应指派专人操作，运行负责人和检验员应在场，做好操作记录；

（3）检查中发现安全阀失灵或有故障时，应立即处置或停止运行。

参 考 文 献

1 GB 12337—1998《钢制球形储罐》

2 TSG R0004—2009《固定式压力容器安全技术监察规程》

3 GB 150《压力容器》

4 JB 4732—1995《钢制压力容器—分析设计标准》

5 GB/T 25198—2010《压力容器封头》

6 李景辰，冯铁中等编. 压力容器基础知识. 北京：劳动人事出版社,1986